萌宠学院

温暖的治愈系粘土

懒猫 著

重庆大学出版社

自序
Preface

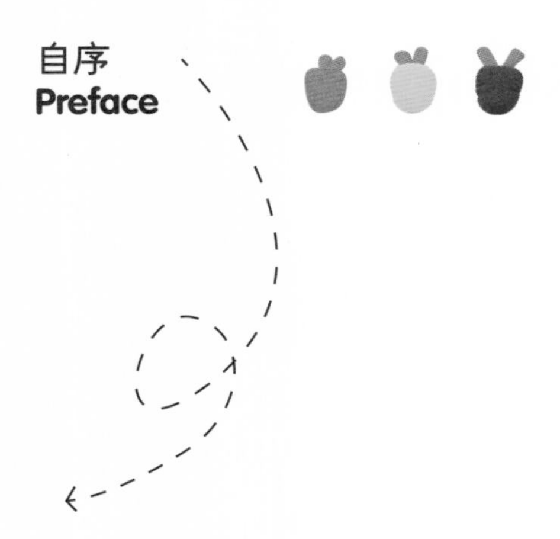

懒猫已经不记得第一次接触超轻粘土是什么时候了，但是依稀记得那种欣喜、好奇、迫不及待的感觉。懒猫曾经像个孩子一样对它痴迷，可是随着年龄的增长，因为求学和工作，心爱的粘土也被放在了一边。直到参加工作两年后收拾屋子的时候，无意间发现了以前留有稚嫩痕迹的粘土小作品，那些曾经治愈和安慰我心灵的东西。懒猫随后将这些作品发到了网上，没想到得到了很多朋友的赞叹和鼓励。于是，懒猫做了一些教程，和大家分享经验和心得，在这里非常感谢小编能让我和更多的读者来分享做手工时的这份喜悦和安静。

想想当时还是新手的时候，懒猫遇到最大的问题其实并不是捏得像不像，而是颜色的搭配问题，这足足困扰了懒猫好长时间。颜色的搭配或者颜色的调和，向来都是困扰新手的问题。在这里，懒猫要真心地告诉你，不要说你没有美感、没有色感，其实任何人都有，只是你还没发现，或者还不懂得怎样去表达去传达出你的想法。每个人都有自己的世界，有自己的色彩感，不用强迫去跟随，只要你喜欢就好。其实生活充满了色彩，要知道大自然和生活是最好的、最和谐的调色盘。当你不知道怎样配色的时候，你可以回想一下你认为最美的景色。夏天郁郁葱葱的树，树的叶子在阳光的照射下可不止一种绿色，从深到浅、从嫩黄到苍绿，有好多细微的变化。以此类推，你甚至可以去观察妈妈的高跟鞋或花裙子都用了哪些颜色，以及它们看起来是否和谐，然后将那些美丽的颜色记住，再运用到你的作品中。久而久之，你在搭配粘土颜色时就会愈发娴熟和得心应手了。

不过，我相信还是有很多同学会说“我弄不好，我不可能学会”。那么你只要记住一些颜色搭配的误区就行了。首先，粘土不要混合三种以上的颜色，红、黄、蓝切记不要一起混合。为什么呢？因为粘土的颜色并不是纯色，所以混合不出鲜亮的颜色，颜色混合得越多反而越暗。当然，如果你是做“黑暗恐怖系”的，倒是可以尝试哦！其次，如果你实在不知道怎么搭配，就从同色系开始搭配肉色和白色，这样至少不会出错。或者在用色之前要先预想一下出来之后的样子，实在想不出来就用彩色笔在白纸上涂一涂。

当你还没有掌握好颜色搭配的时候，尽量不要将所有的颜色都放在一个作品里，最好是有一个主色，两到三个辅助色最佳，当然棒棒糖除外哈！在这里懒猫和大家分享一些心得，告诉你怎样寻找色彩，而不是给你上一堂色彩课，想要专业地去学，要去专业的地方哦。

除了颜色，不同的粘土做出来的作品也是不同的。比如说市面上有很多种类的粘土，比较常见的有软陶、树脂粘土、超轻粘土等，当然油泥也算是粘土的一种。在这里懒猫只介绍上述三种。

软陶：软陶是油性的，手感比较硬，不好混合颜色而且比较重，塑形后还要进烤箱定型。但是软陶的颜色丰富，成品有光泽，遇水不易坏掉。

树脂粘土：树脂粘土又称为“面包土”，可制作出仿真鲜花、蔬菜水果工艺品，无论外观、颜色和质感上都和真正的实物极为接近。干燥后，它们有瓷一样的冷白色，所以也被叫作冷瓷土。但是价格并不亲民，不过可以少量购买与纸粘土混合使用。

超轻粘土：超轻粘土是纸粘土里的一种，捏塑起来更容易更舒适，更适合造型且作品很可爱。超轻粘土兴起于日本，材料新型环保、无毒，成品可自然风干。无毒性非常适合儿童、青少年使用，而且价格也很亲民哦。懒猫自己用的就是超轻粘土，在此也推荐给大家。

最后，懒猫还是要唠叨几句，手工艺品最重要的不是别人的评价，也不是好看与否，最主要的是——“TA”代表了你的时间，它是你时间的缩影，是独一无二的，所以不要轻易放弃任何一个作品，它们是你创造出来的精灵。

现在，只需做一个深呼吸，放松一下，你就可以走进粘土的奇妙世界了。

懒猫

2016年5月

目录
Catalog

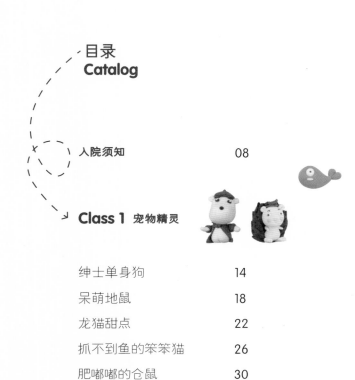

Class 3 冰雪奇缘

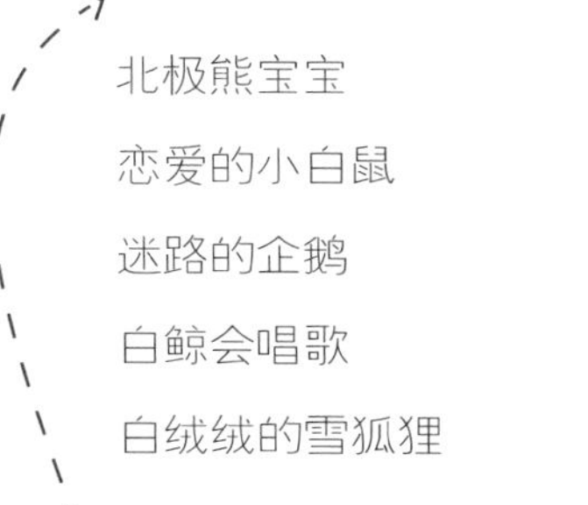

Class 4 天空之城

Graduating Class 温暖年华

入院须知
Warnning

● 超轻粘土

超轻粘土成分包括发泡粉、水、纸浆、糊剂，由于膨胀体积较大，比重很小，做出来的作品干燥后的重量是干燥前的1/4，极轻而又不容易碎。超轻粘土是一种无毒、无味、无刺激性新型环保工艺材料，属粘土类。超轻粘土最早诞生于德国，并逐渐传遍整个欧洲，后经日本、韩国、中国台湾传至中国大陆。超轻粘土可塑性强、色彩艳丽，手工者可自由揉捏、随意创作。它是一种集陶土、纸粘土、雕塑油泥、橡皮泥等优点集于一身的最新手工创作材料，它可与木头、金属片、亮片、玻璃等材质完美结合使用。由它制作的作品不需要烧烤，在24~48小时内可自然风干，且有弹性、不碎裂，方法适当可永久保存。

既然是捏粘土，那粘土自然是最重要的东西，粘土的质量会直接影响你的作品，因此在挑选的时候要格外注意。选择粘土时，要选用韧性较好，干后有弹性，颜色纯正的。推荐新手购入24色以上，最好先购入36色，然后添加一些常用色，比如白色、黄色、草绿色和咖啡色等，如果自己有色彩基础也可以自由选择颜色。之所以推荐多色，是因为粘土虽然可以混色，但它本身的三原色及其他颜色并不纯正，所以很多颜色混合不出来。

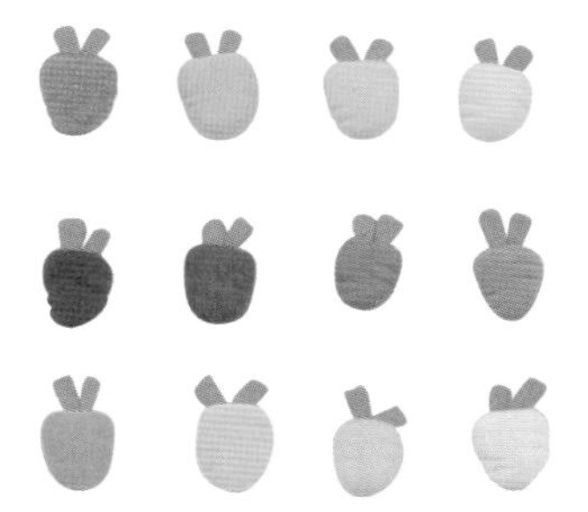

超轻粘土的注意事项

1.使用前要充分揉捏，将气泡完全排除；

2.使用后要密封保存，避免阳光直射，以免变硬不能使用；

3.使用时表面如有干硬状，请喷洒少许水，使其恢复原样；

4.喷洒水时，如有掉色请继续揉捏，使粘土与颜色完全融合；

5.制作完成后请自然干燥，无须加热干燥；

6.不适合三岁以下儿童使用，慎防儿童吞食。

色彩混合

三原色

三原色是红、黄、蓝色。三原色，黑色和白色可以组成丰富的颜色，就相当于其他颜色的祖辈们，但粘土由于原色不纯，所以没有办法混合出所有颜色。

不过，粘土还是可以混合出很多色彩的。

纯纯的混合

三原色在等量的情况下能混合出的颜色。

当三原色遇到黑白色

根据黑色和白色的不同，可以混合出不同的颜色。

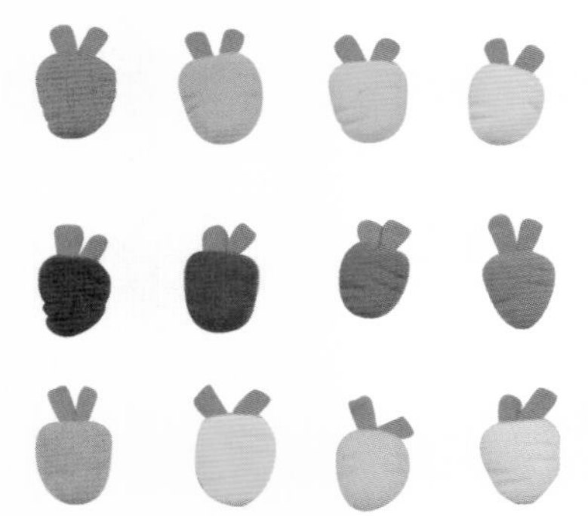

必备工具

▶ 基础工具

购买粘土时自带的标配工具包，很经典。

小巧方便，工具多样，性价比很高。

美中不足的是很容易和纸粘土粘在一起。

用来分割粘土和压花纹的时候非常顺手。

缺点是太大，不利于细节的刻画。

▶ 进阶必备

1.液体胶水（尽量选择常见牌子黏性较好的胶水，因为一般的胶水黏度不够，可能会导致作品粘结的部分掉下来）；

2.勾线笔；

3.小号毛笔；

4.尖嘴钳（用来剪短铁丝的）；

5.细铁丝（当然你也可以用牙签代替）；

6.七本针（做纹理时的神器哦）；

7.尖嘴剪刀（最好也准备一把正常的剪刀）；

8.滚轮（专门压扁粘土的利器，哈哈）；

9.丙烯颜料（丙烯颜料特有的防水性是水彩和水粉所不能比的）。

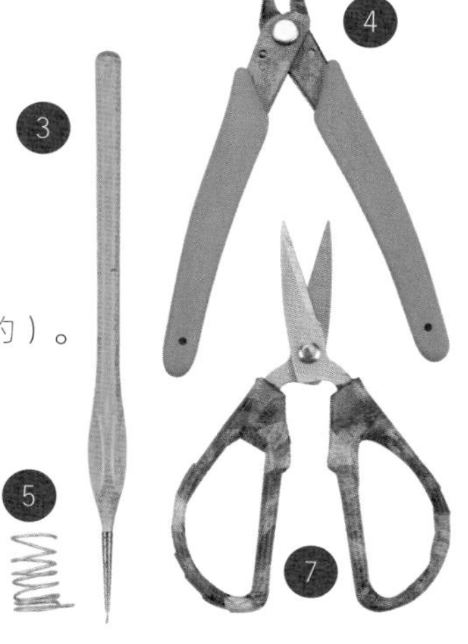

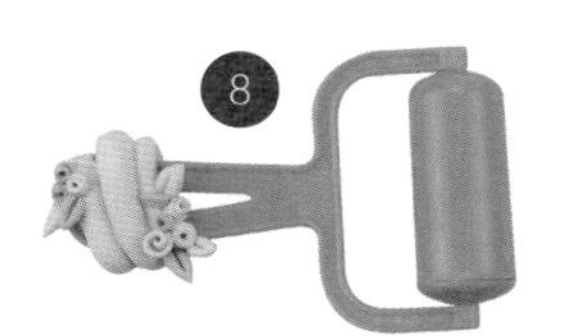

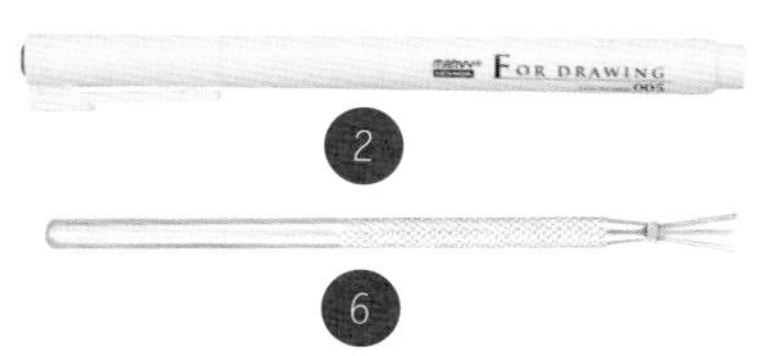

Class 1

宠物精灵

绅士单身狗

忙忙碌碌了一整天

回到家看着可爱的小家伙

躺在温暖的小窝里呼呼大睡

我不禁扑哧笑出声

看他奇怪的睡姿

不知道梦里梦到了什么

或许是在云彩里打滚吧

准备黑色、白色、粉红色及中黄的粘土。工具需准备铲子状工具、尖头尖刀、胶水。

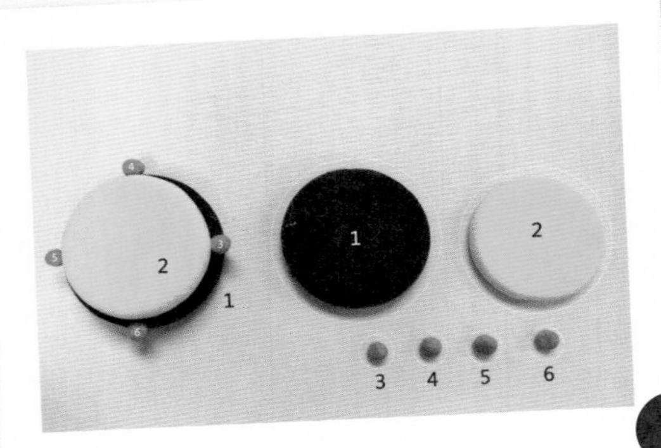

1

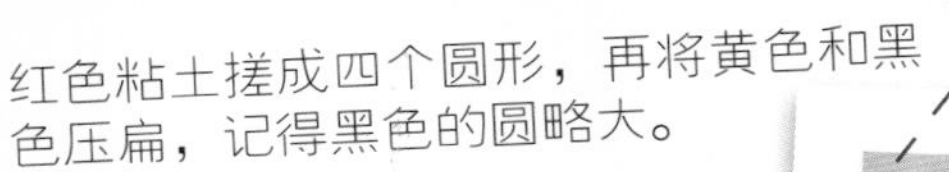
红色粘土搓成四个圆形，再将黄色和黑色压扁，记得黑色的圆略大。

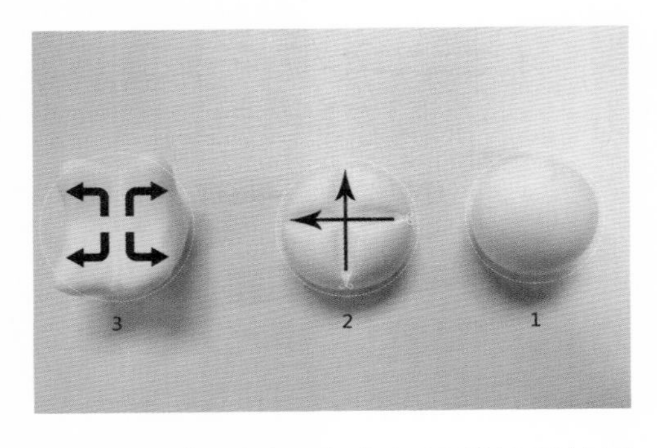

将白色搓成椭圆，在底部用塑料刀按压成十字，将四肢做出来。这一步比较难，要有耐心哦，而且粘土较湿润的时候会更好塑形哦。

2

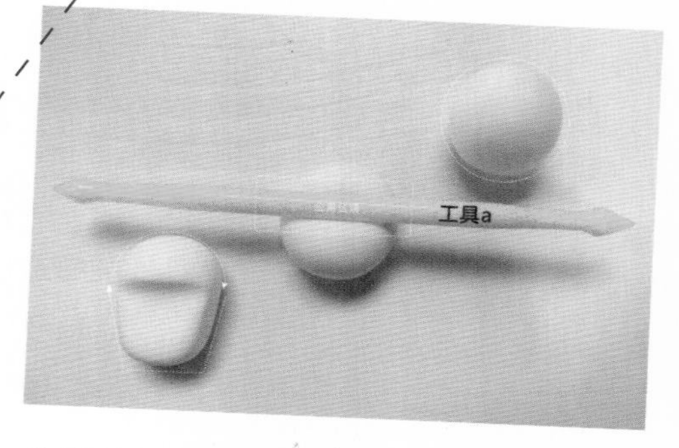

头部的椭圆要比身子的大一些。用工具a的部分在椭圆的1/3处按压，再将剩下的2/3捏成方形。建议新手用较为湿润的粘土来做这部分。

3

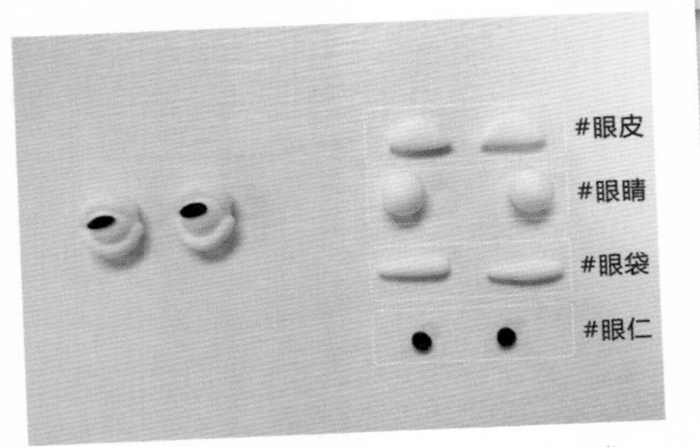

眼睛部分，如图做出部件，再将它们组合在一起。如果你希望你的狗狗精神一点，就不要遮住眼球。

4

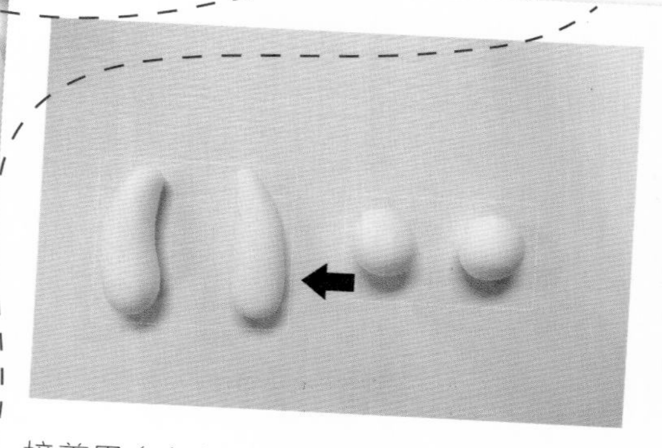

接着用白色粘土搓成水滴状，向下轻轻按压，这样狗狗的耳朵就做出来了。再将椭圆形的鼻子和红晕粘在面部。

5

尾巴部分使用半圆剪出来，切记不要将尾巴做出来就马上粘在屁屁上，一定要塑形风干后再粘。

帽子非常简单，帽檐要厚重，帽子的圆柱形需要上大下小。

最后可爱的绅士狗狗就出现啦！

成品图。

呆萌地鼠

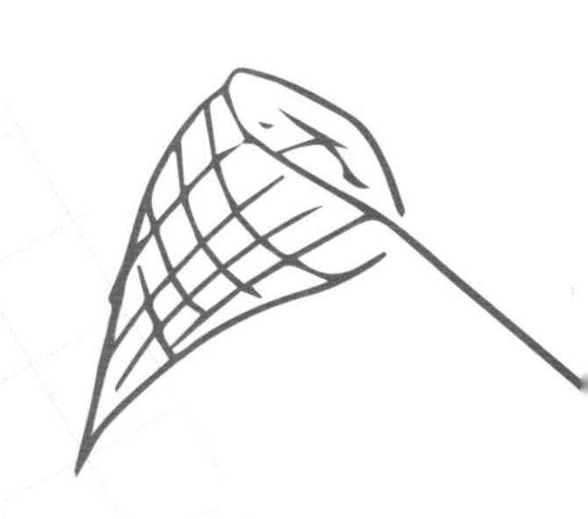

小时候地鼠的动画片给我造成的印象很深

他浑身上下没有任何鲜艳的颜色

灰秃秃的也没有漂亮的皮毛

可是他呆呆萌萌挖土的样子

着实让我记忆犹新

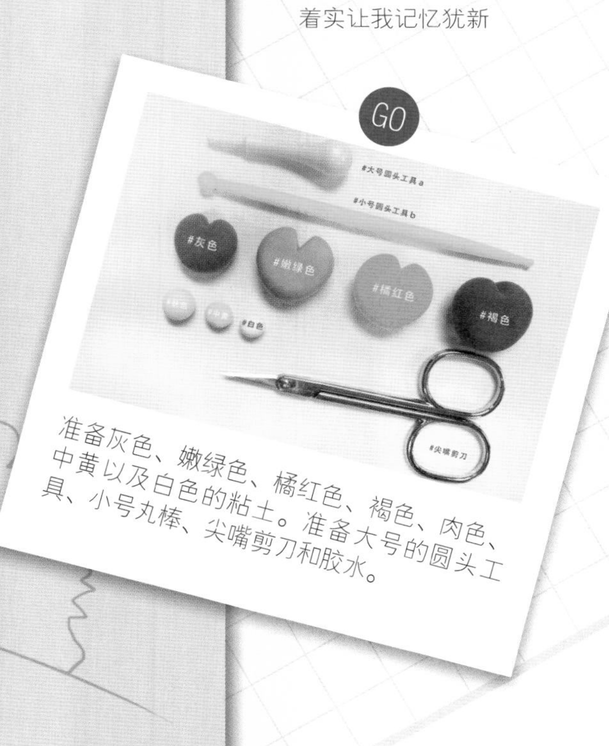

准备灰色、嫩绿色、橘红色、褐色、肉色、中黄以及白色的粘土。准备大号的圆头工具、小号丸棒、尖嘴剪刀和胶水。

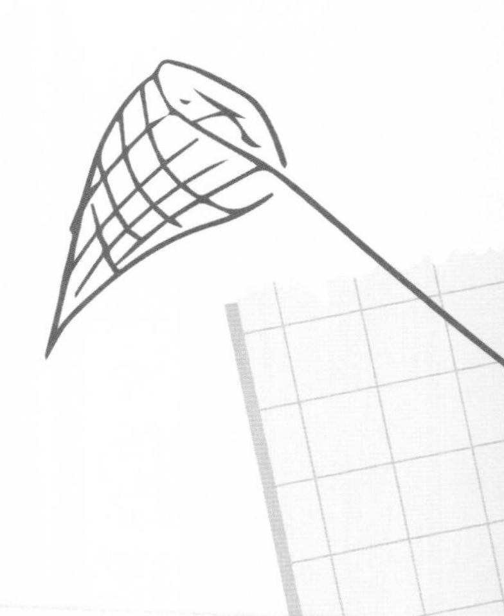

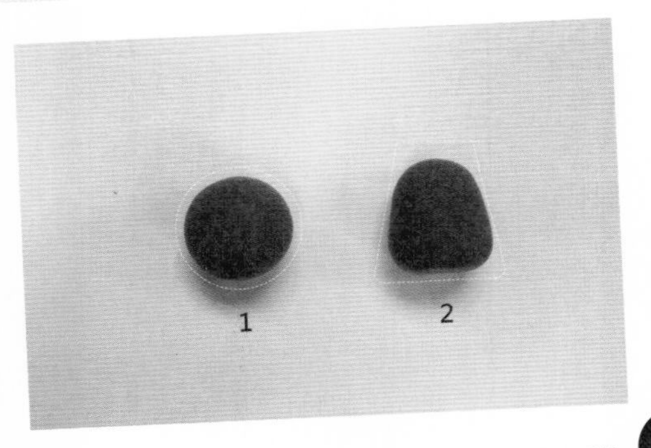

1

用褐色粘土先搓成圆形，再捏成如子弹样的形状。

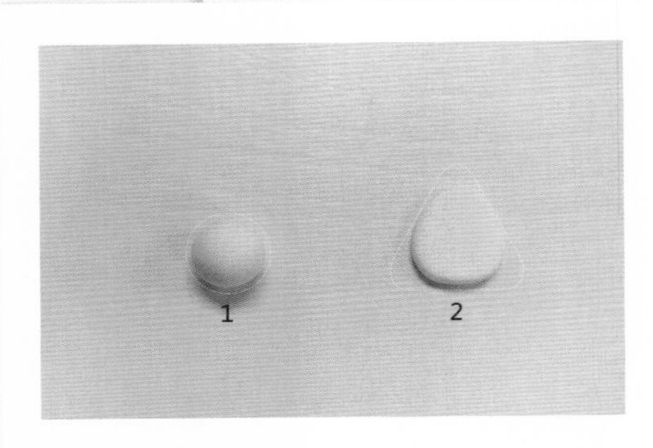

将肉色粘土搓成长圆，用滚轮压扁，贴在1/3处。一定要薄一些，薄薄的，薄薄的！才能萌萌的！

2

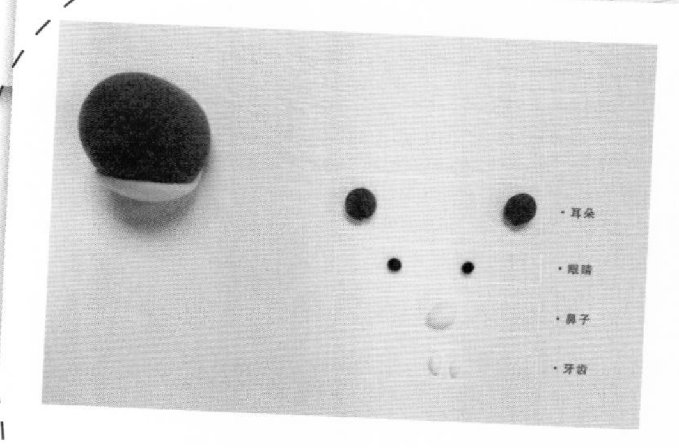

如图，将这些小零件依次做出粘在面部，别忘了小小的牙齿哦。耳朵部分要用剪刀剪开再粘合，千万别剪断了。

3

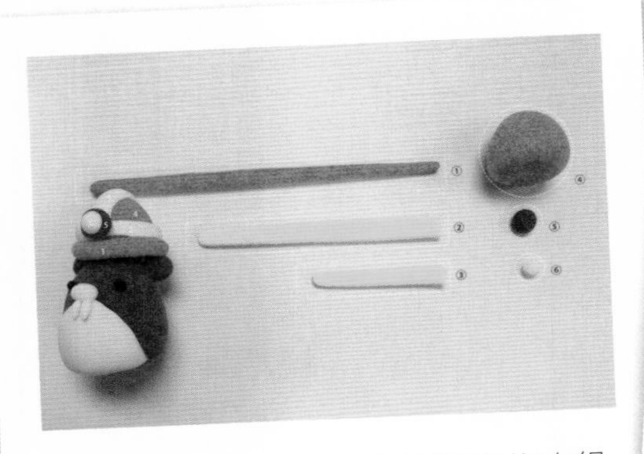

帽子很简单，按照标注的顺序依次组合，就可以得到可爱的安全帽了！

4

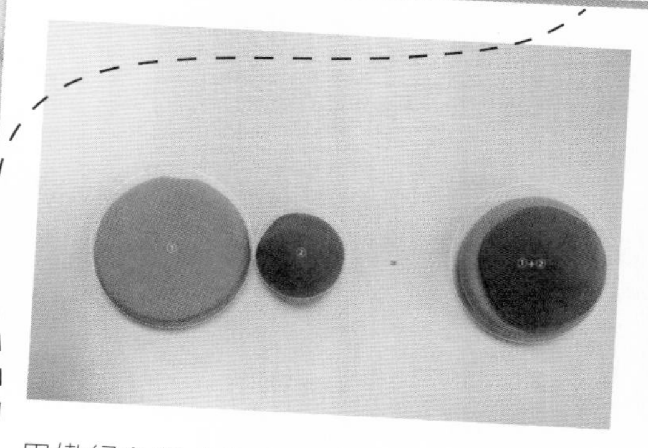

用嫩绿色粘土搓成椭圆压扁，再用灰色粘土搓成锥形粘在上面。洞口要比地鼠的身体大一些，不然太胖了就进不去！

5

6

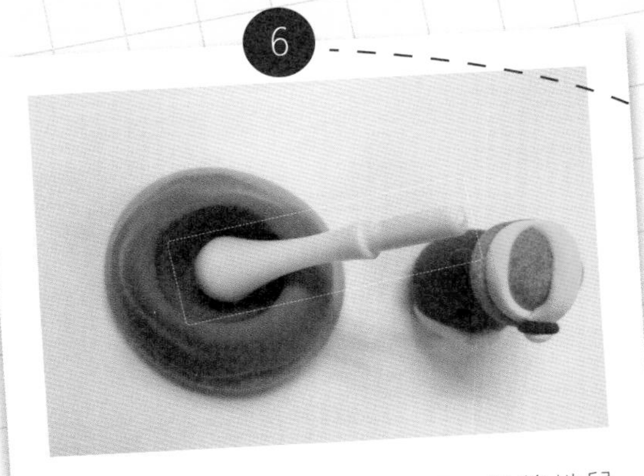

用塑料工具在中心向下按压，并将地鼠放进去。

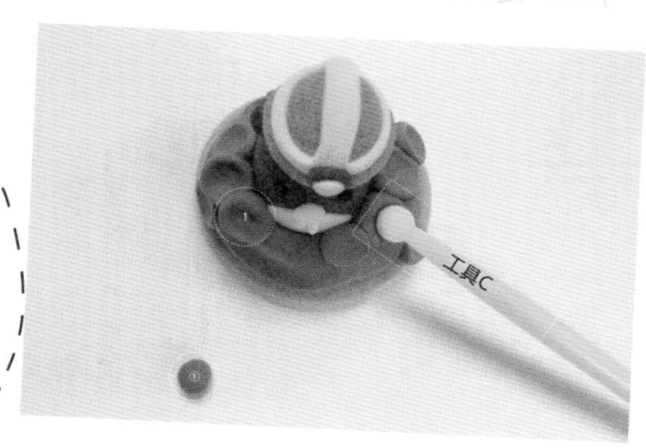

放进去后，你会发现有一些小小的缝，再用灰色的圆填充边缘，用c工具按压，做出散落的石子的样子。

7

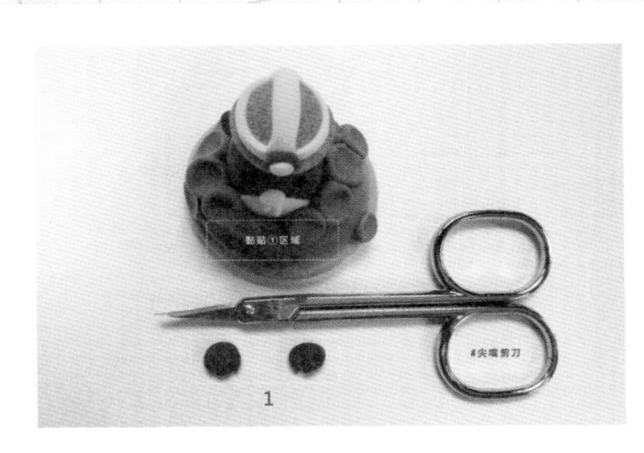

最后用褐色粘土做出小手粘在前面，并用嫩绿色粘土进一步装饰。

8

成品图。

9

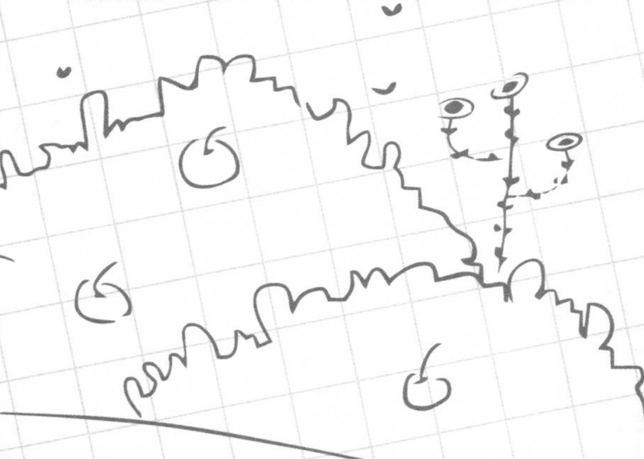

龙猫甜点

不知道为什么

看到龙猫就能想起马卡龙

一种可爱的法式小圆饼

想到他一口吃掉后走不动的样子

着实萌萌的让人着迷

GO

准备灰色、嫩绿色及白色的粘土。准备工具塑料刀、七本针、针管笔。

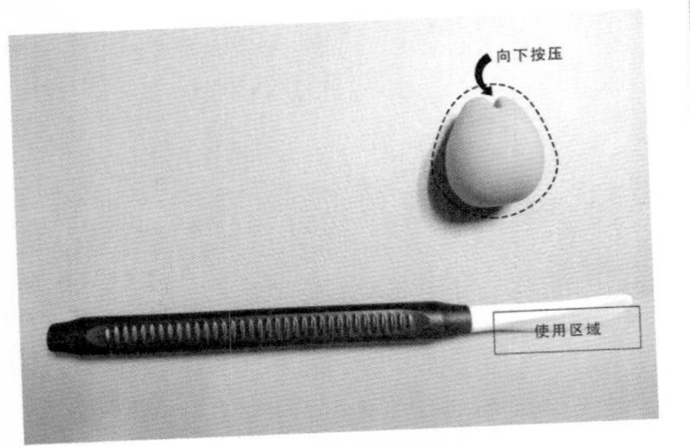

将灰色粘土搓成鸡蛋的形状，在顶部用塑料刀向下按压，刀陷下去的时候左右摆一下，这样会加宽间距。

1

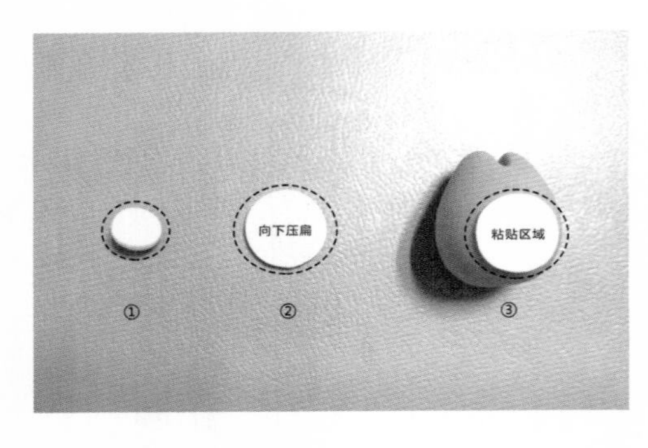

将白色粘土搓成椭圆压扁，贴合在身子正面2/3处，侧面1/3处。

2

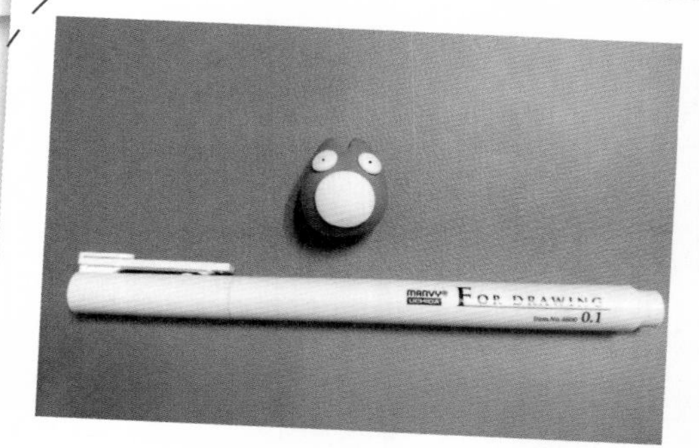

用针管笔画出眼睛和肚皮上的花纹。

3

画出向上箭头状的花纹。

4

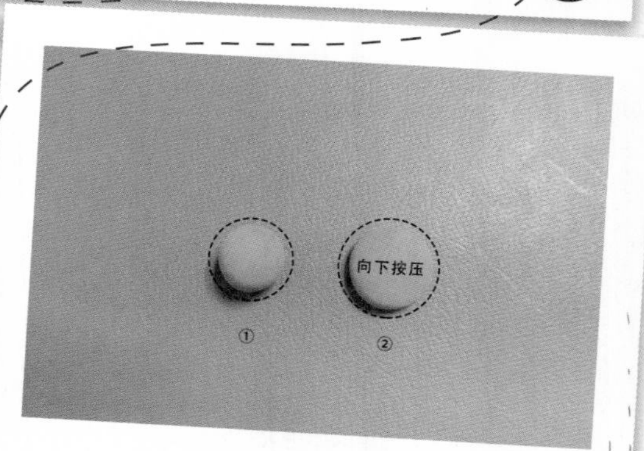

将绿色的圆向下按压成扁圆，不要太厚。

5

6

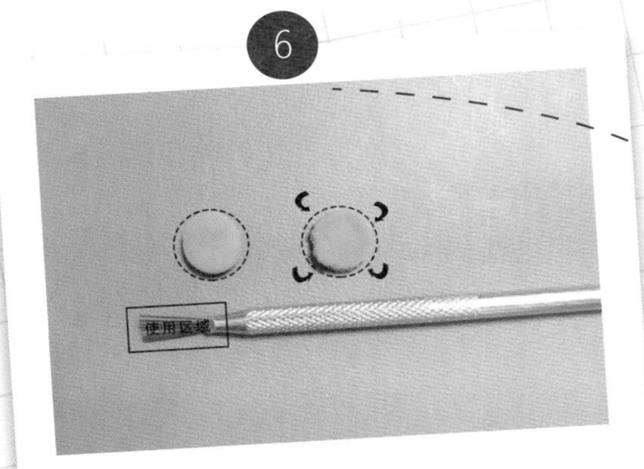

用七本针在压扁的圆周围扎出纹理。

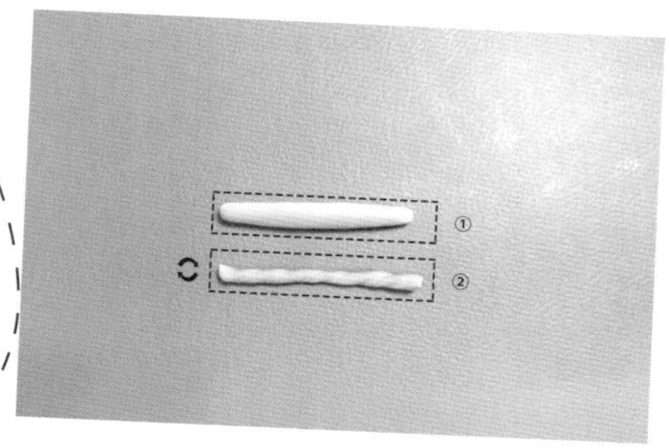

马卡龙的夹心要简易地做。用白色粘土搓成条状，逆时针或顺时针拧出螺纹。

7

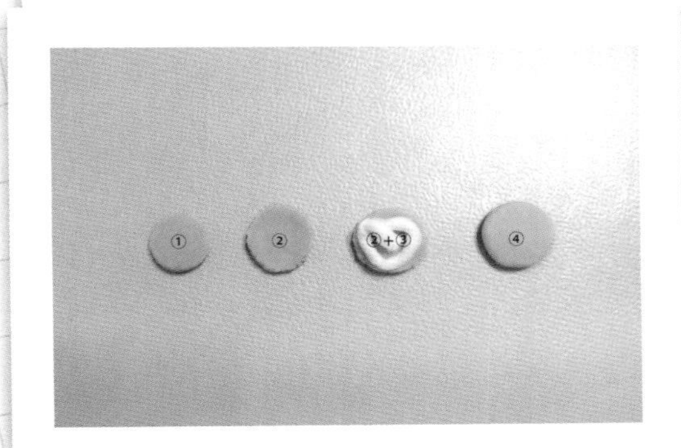

按照顺序叠放后，你会发现一个萌萌的马卡龙就这样出来了。

8

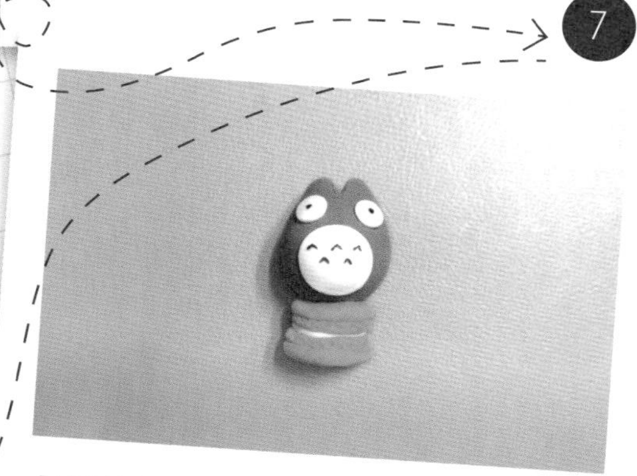

最后将萌萌的龙猫放上去，我们的甜点就准备好了。当然你还可以做一些其他颜色的马卡龙哦。

9

成品图。

10

抓不到鱼的笨笨猫

湖泊没有大海那样深沉

它更像是爱丽丝的洞中世界

在有限的空间里

藏匿着奇异的生物

而在猫咪的世界

最美的是什么呢

准备白色、肉色及玫瑰红色的粘土。工具准备小号丸棒、勾线笔、塑料刀和剪刀。

将白色粘土搓成椭圆，压扁。

1

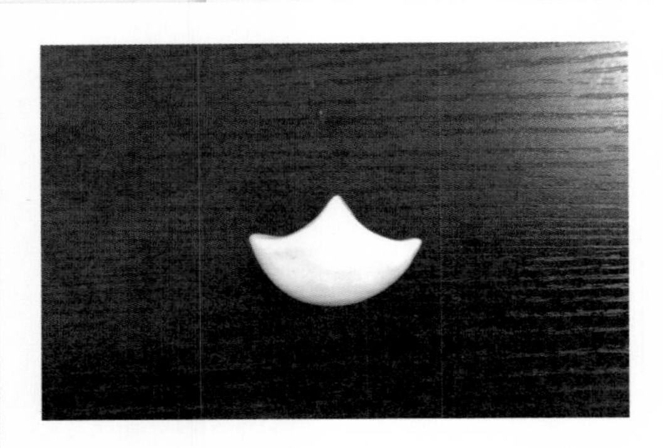

再用手向内挤压，并将末尾微微向外翻。（建议新手用较为湿润的粘土。）

2

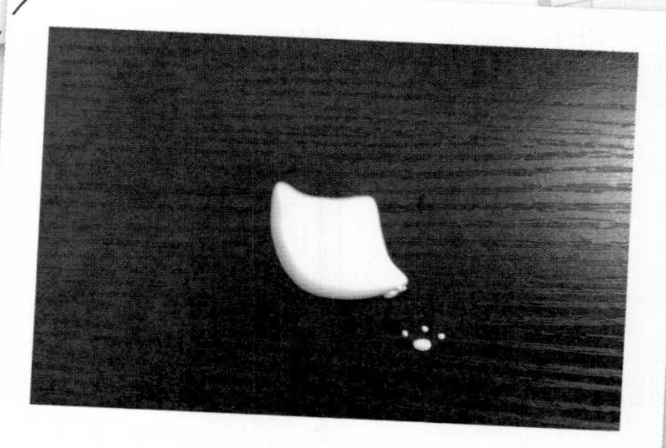

用肉色粘土搓成椭圆和小圆，来做爪子的肉垫。

3

尾巴可以根据自己的喜好来做，但在没有风干塑形的时候尽量不要粘上去。

4

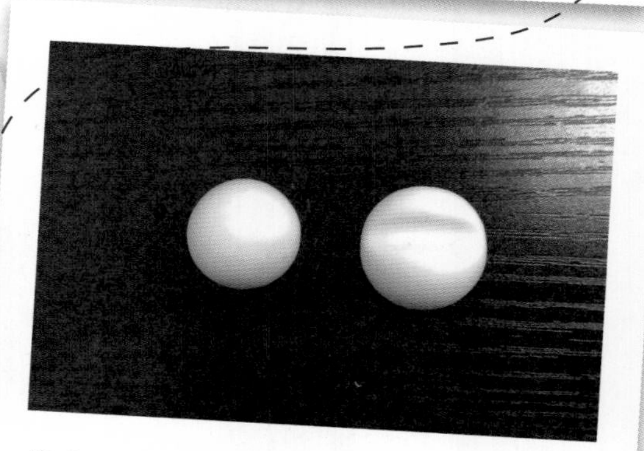

将白色粘土搓成椭圆，在手心轻轻按压，然后用工具在面部的1/3处按压。

5

6

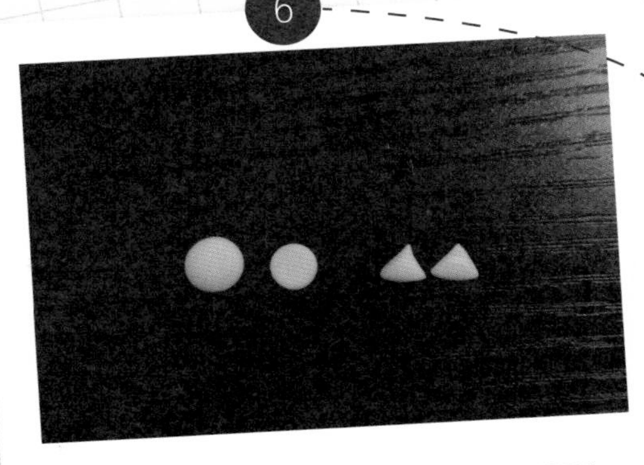

用白色粘土和肉色粘土搓成长椭圆形，叠加在一起，按压后用剪刀从中间剪开，然后将耳朵的上部捏一个小尖。

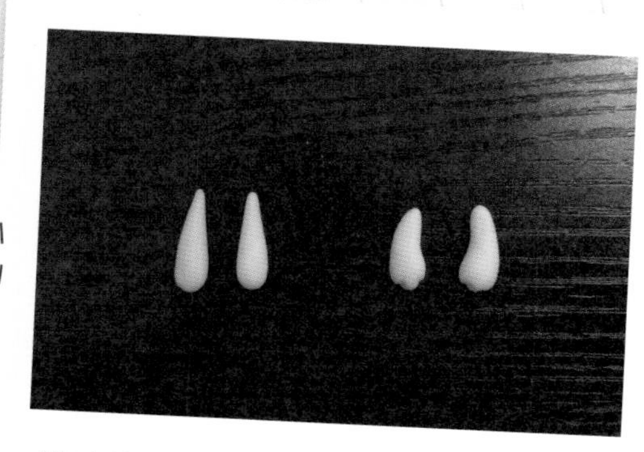

猫咪的爪子很简单，搓成水滴状压扁一些，垫在猫咪的头下。

7

将鼻子和红晕粘在上面，再将头和身子粘合。哦，对了，不要忘记尾巴哦！

8

成品图。

9

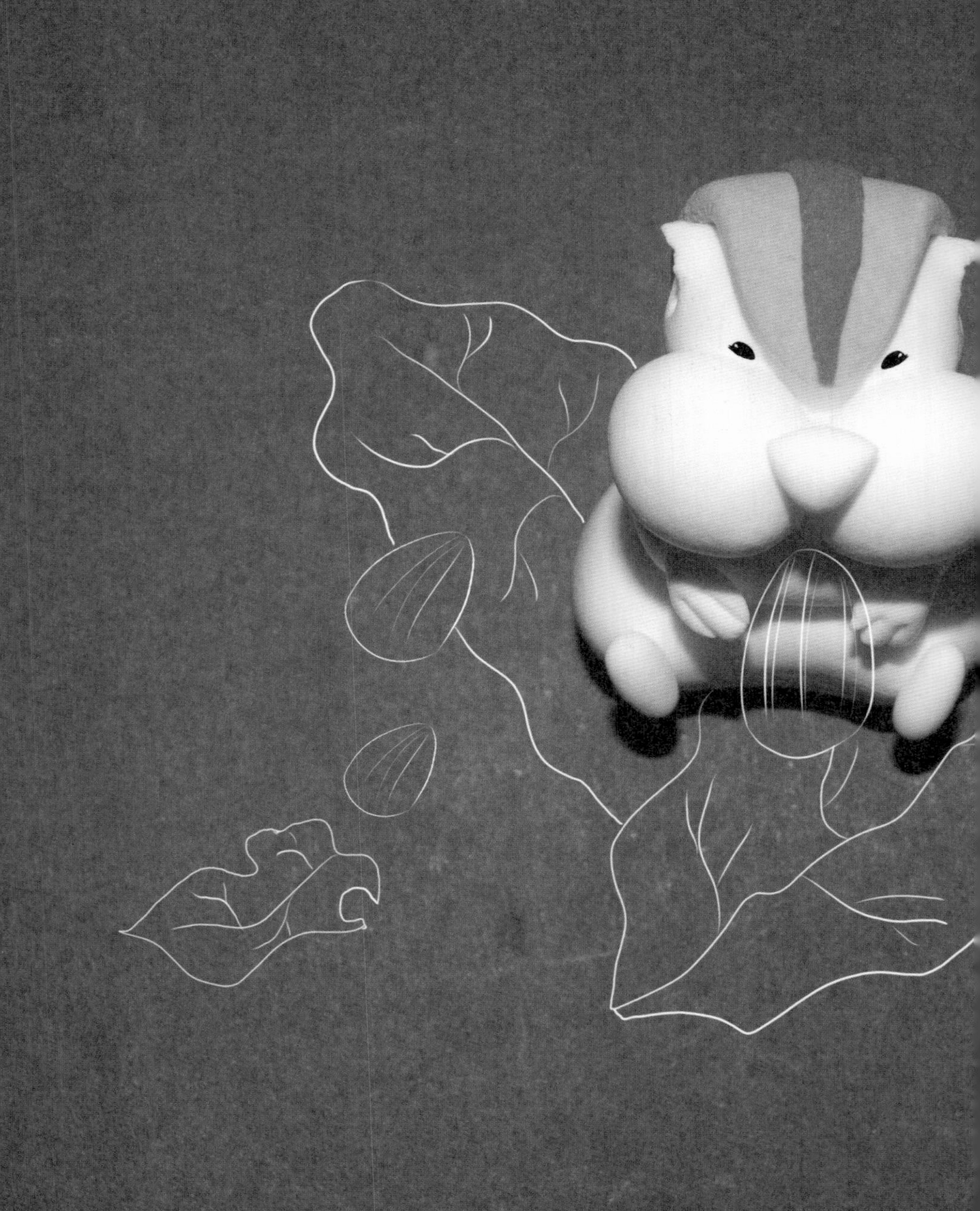

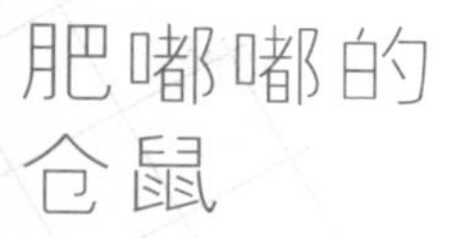

肥嘟嘟的仓鼠

懒猫甚是羡慕可爱的仓鼠们

每天可以睡到自然醒

还有美味的坚果吃

口渴

还可以倚在一旁喝水

胖了只会被夸赞可爱

这逍遥自在的小日子

真是羡慕不来

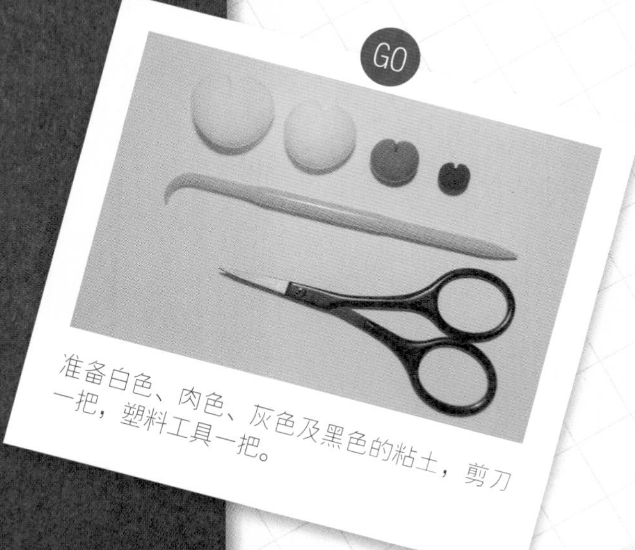

准备白色、肉色、灰色及黑色的粘土，剪刀一把，塑料工具一把。

首先，我们要做的就是它肥嘟嘟的身子。将粘土搓成椭圆形，然后在椭圆形的中间用指肚按压成凹坑，最后我们再按照同样的方法做一个小一点的。

1

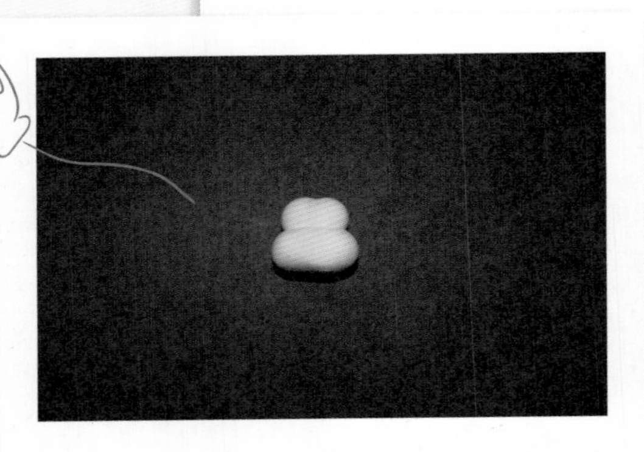

将它们叠在一起，记得向下压一些，这样它们才能粘得更牢固。

2

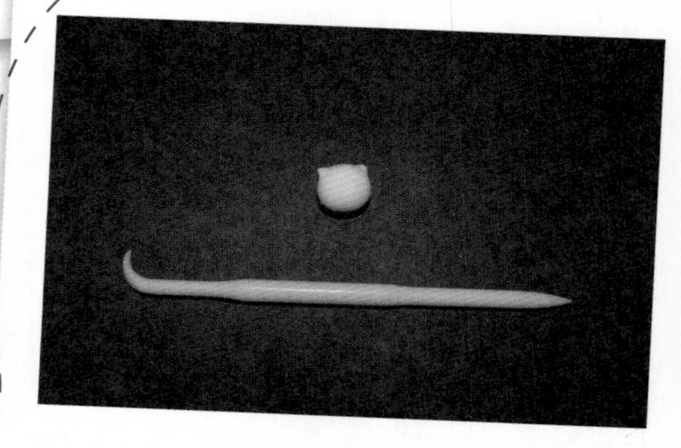

用白色搓成圆形后，用下面的黄色工具挑出耳朵。

3

再搓出两个球，贴在脸上。

4

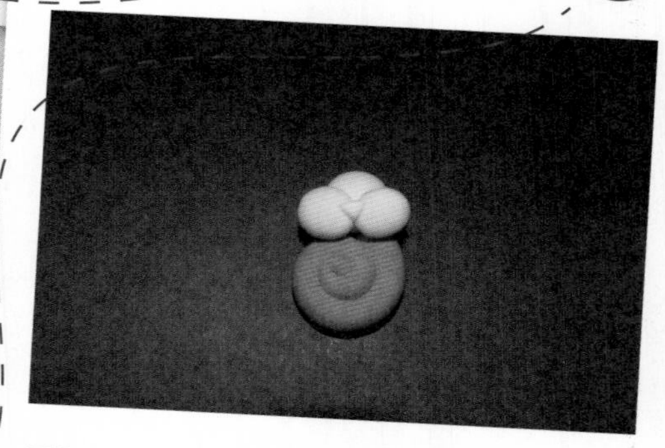

看肥嘟嘟的小脸。（懒猫借用了蜗牛的小壳让这家伙抬头，要不可傲娇了，怎么都不正脸对着大家呢。）

6

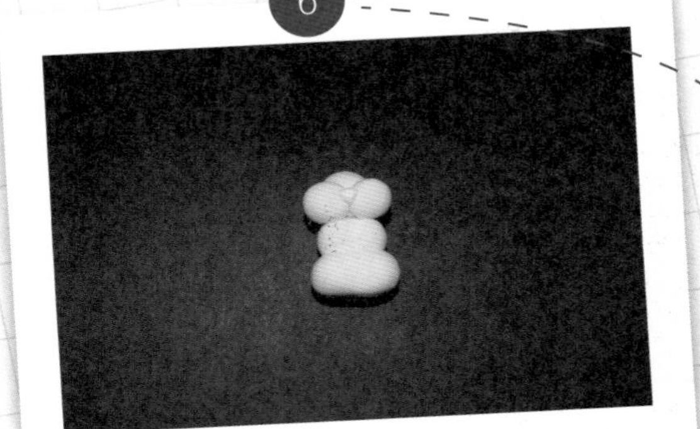

将身子和头部粘在一起。

接着准备手部。

7

脚部搓成椭圆形，然后剪出脚趾。

8

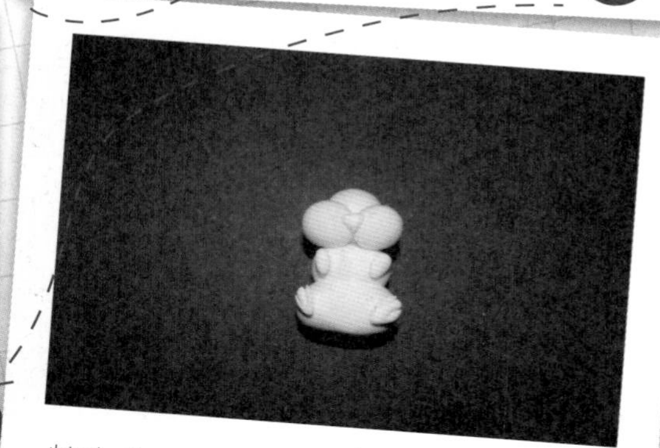

粘在身上后，你就已经快完成了，加油哦！

9

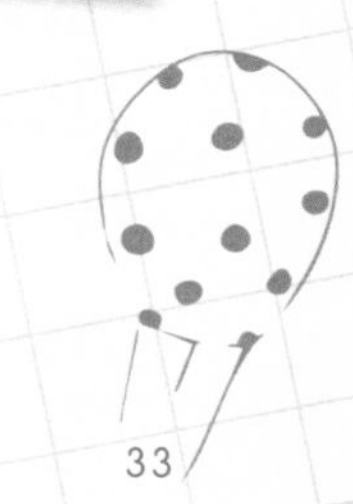

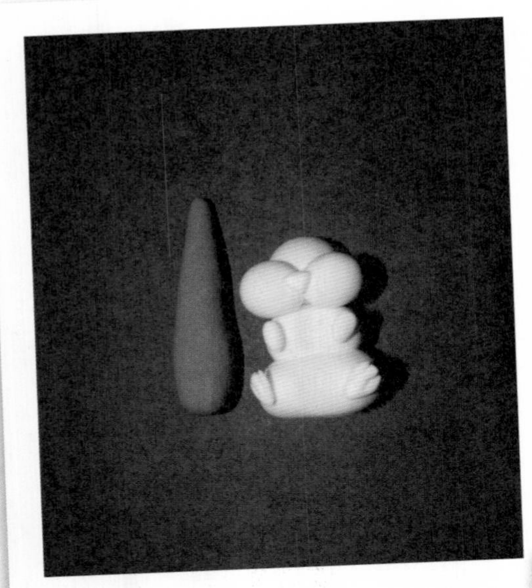

将灰色粘土搓成比仓鼠高一些的长条，记得两边不一样宽哦！

10

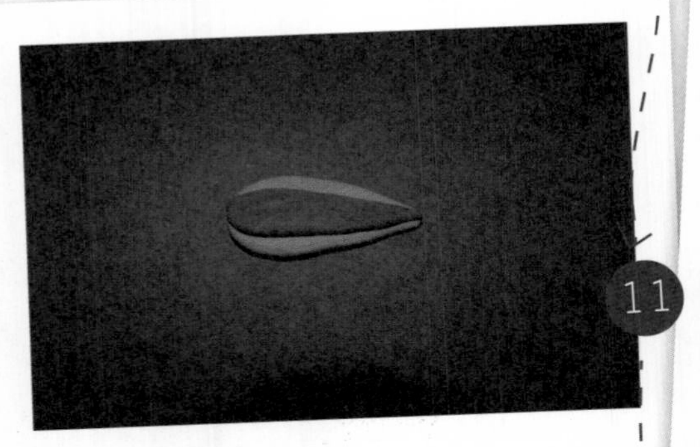

按照同样的方法，再做一个窄一些的深色的条贴在上面。

11

接下来就需要注意了，要将灰色条最尖的地方挨着鼻子处开始粘贴。

12

13

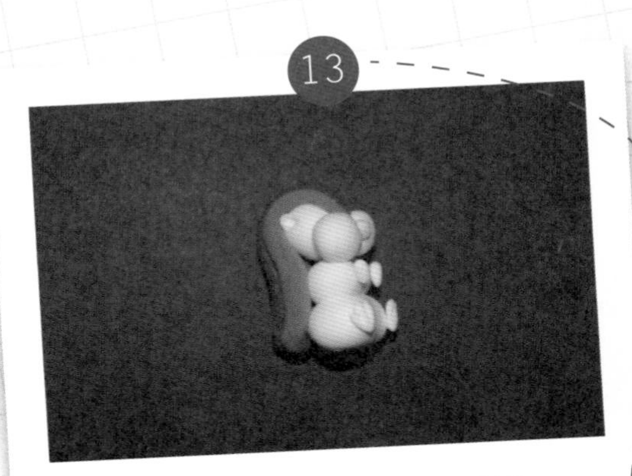

一直到后背，空隙的地方也要填满。

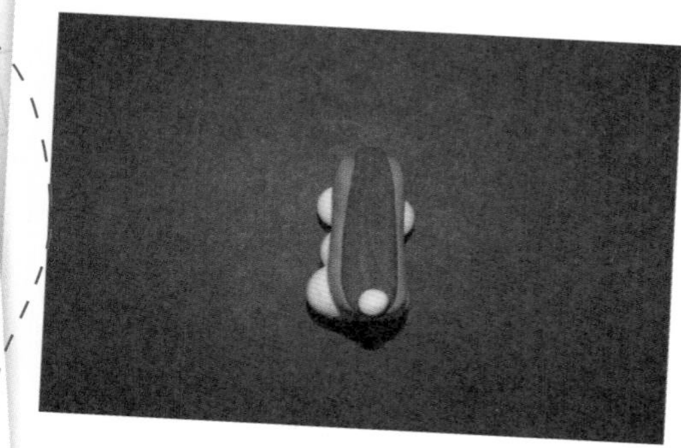

最后我们将萌萌哒的尾巴粘上。

14

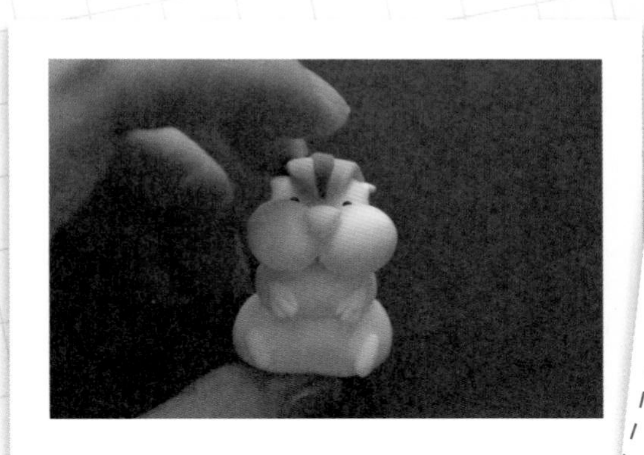

来，露个正脸看。是不是好胖?

15

成品图。

16

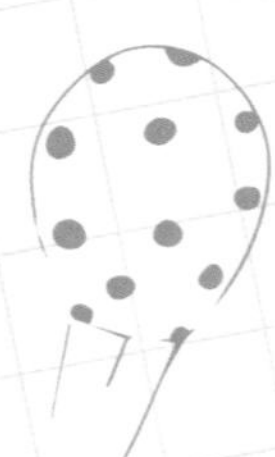

Class 2
寂静森林

吼!
吵死了

妈妈说
吼一声
它们就
害怕了

有病

森林的王者

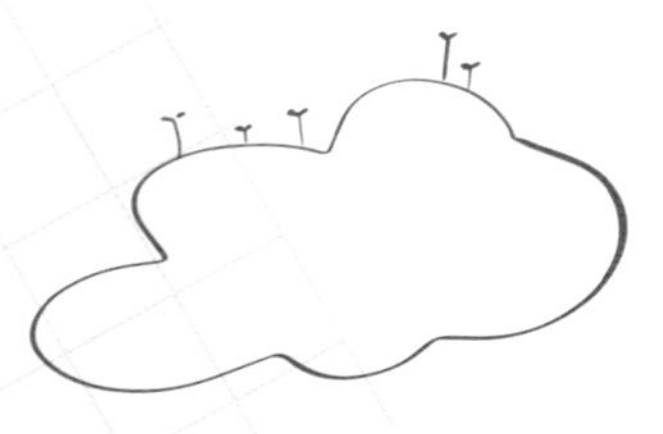

世界上再强大的生物都有脆弱的一面

身为森林的王者

也不是天生就强大的

他们只有不断地努力

不断地突破自己

才能拥有坚强勇敢的心

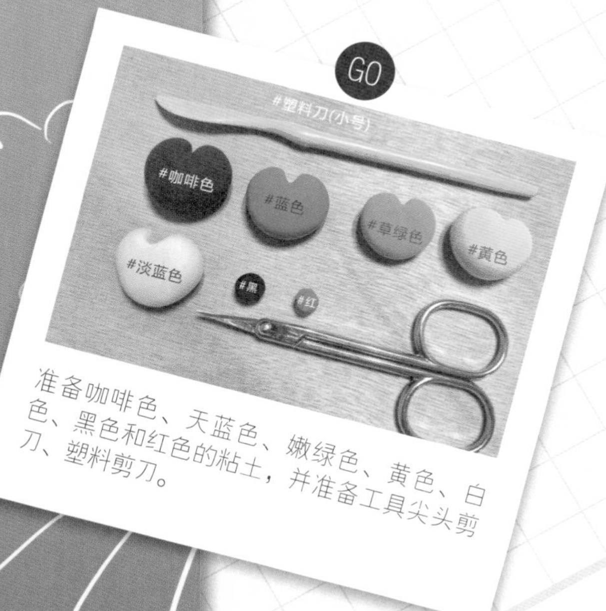

准备咖啡色、天蓝色、嫩绿色、黄色、白色、黑色和红色的粘土，并准备工具尖头剪刀、塑料剪刀。

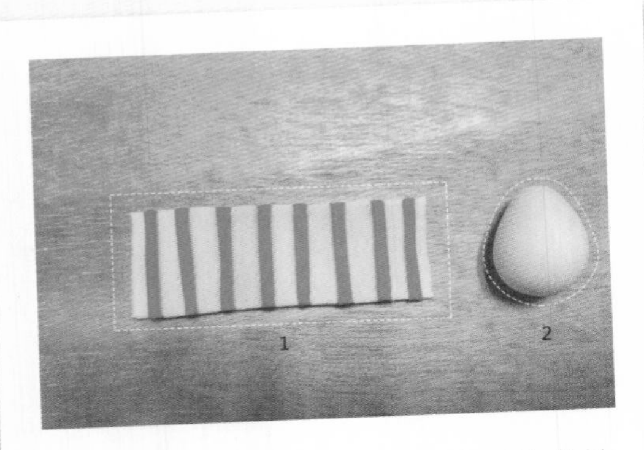

将白色粘土压成扁片，再用剪刀剪成长条并在上面用天蓝色做出条状纹路。然后用白色粘土搓成水滴状。

1

将做好的“衣服”围在水滴状1/3处，千万不要都围上哈。

2

接着用黄色粘土来做狮子鬃毛。将黄色粘土搓成水滴状，接着用塑料刀在中间压出痕迹，需要深一些。

3

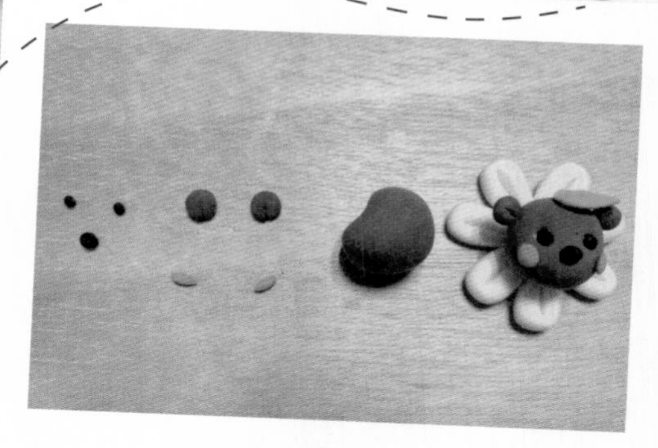

按照图片捏出相应的形状，记得眼睛不要太厚，否则它会变得很突兀。

4

5

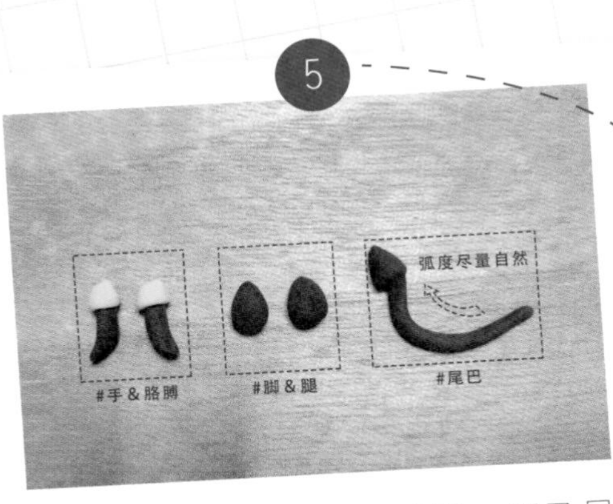

接着用咖啡色粘土做出胳膊、脚及尾巴。因为身子是带弧度的，所以胳膊也要有一些小弧度才自然。

最后我们准备一大块绿色粘土，用手随意地按平，加上一些小草或蘑菇的装饰即可。

6

将放置微干的身子和头部用胶水粘合，如果还是粘不上，可以用牙签或者铁丝固定。

7

成品图。

8

采苹果的小刺猬

一直都想养一只小刺猬

给他洗澡

他安安静静地趴在你的手上

喂他吃东西

还可以摸摸他软软的肚子

他睡觉的时候胖胖的身躯蜷缩在一起

光是想一想心都化了

准备草绿色、咖啡色、白色、肉色、黄色和红色的粘土。准备工具有尖头剪刀、尖头工具、圆头工具大号、针管笔。

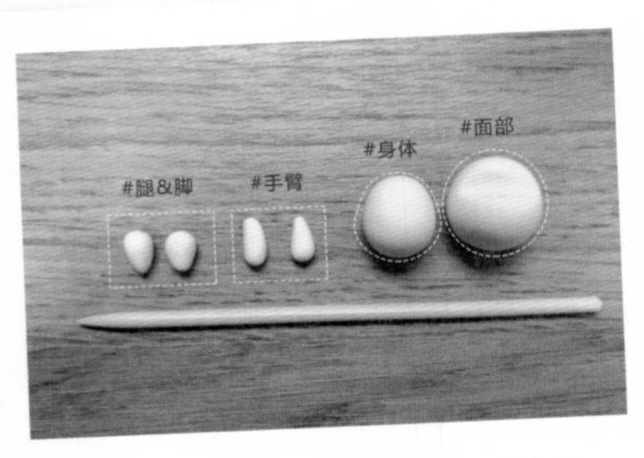

身体搓成椭圆形，手脚则搓成水滴状，注意手脚要小，尽量小一些看起来才会萌萌的。注意这里身体的颜色是混合出来的（白色+肉色+一点点黄色）。

1

注意头部和面部要的侧面要有弧度。可以用工具在1/3处按压。

2

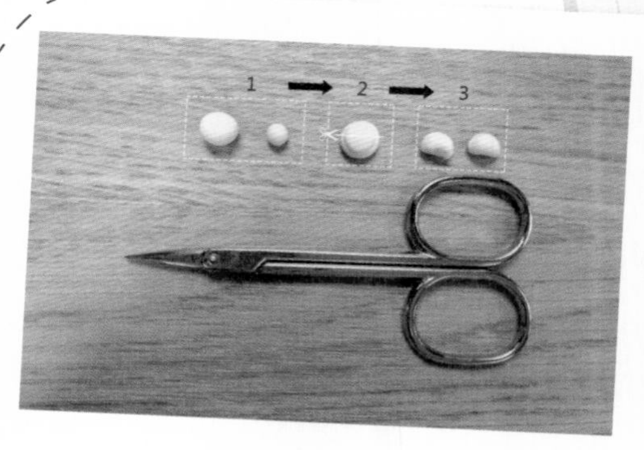

耳朵为了突出肉肉的感觉，我们可以做得厚实一些，然后用剪刀将圆形剪成一半。

3

将头部和身子粘合起来，放置稍干后才可以接着做，不要太着急哦！

4

刺的部分要记得背部需要宽一些、厚一些，而且要用稍湿润的粘土。

5

6

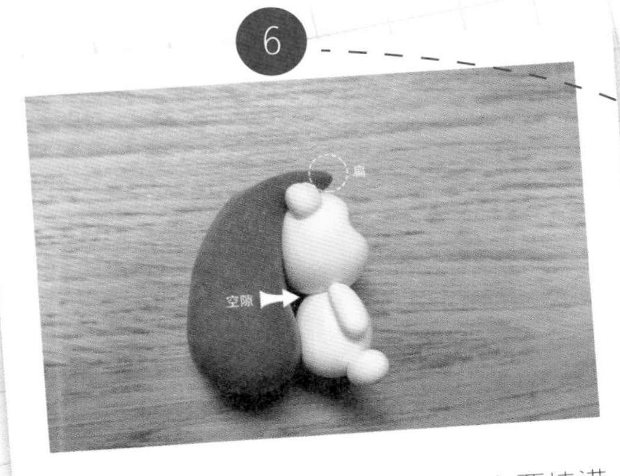

将刺的部分粘合在身后，注意一定要填满空隙，头上压扁后再来做头发会更自然！

剪刺的时候方向无所谓，但是岔开剪，不要太过整齐，看起来才自然。

7

8

用褐色粘土随意按压出扁片，来当作土地。将嫩绿色搓成圆形，如图按压，再倒扣在褐色的土地上。这样会让草坡有一种松软的感觉。

最后我们做一些水果放在刺上，再做出一些小草装饰就可以了。

9

成品图。

心都酥了~~

采蘑菇的毛巾兔

初夏，家里入住了一只可爱的小兔子

他很胆小却有强烈的好奇心

总是拓展着自己的地盘

于是家里的各种植物都遭了殃

可是唯独有一个小小的蘑菇被藏在窝里

一直到夏末都没见他吃过

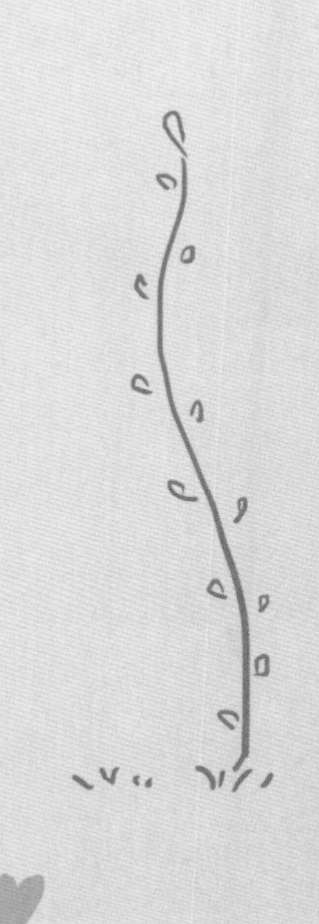

准备黄色、白色、咖啡色、肉色、黑色、红色和草绿色的粘土。准备工具有咖啡色丙烯颜料、尖嘴尖刀、塑料刀、勾线毛笔和针管笔。

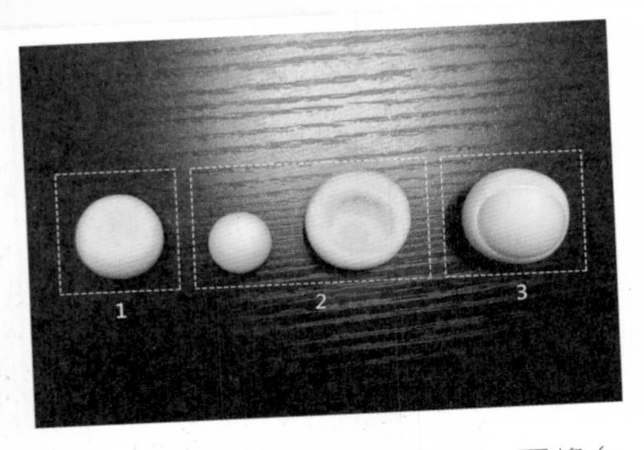

取黄色粘土用丸棒按压出凹痕，再将白色粘土放进去一起揉成圆形。

1

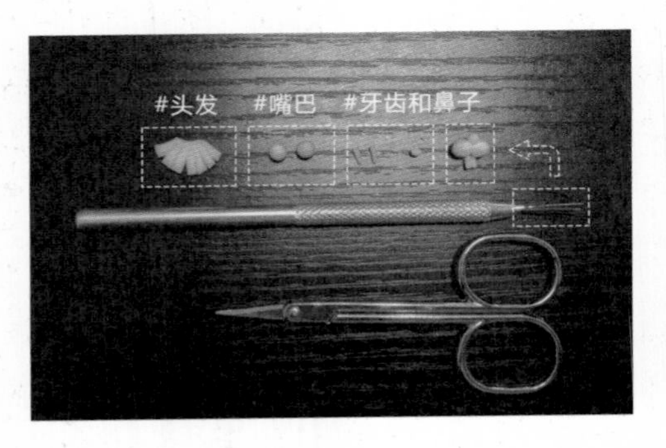

头发部分可以自己随意更改哦！还有嘴巴千万别忘记用七本针扎出毛孔的纹理。

2

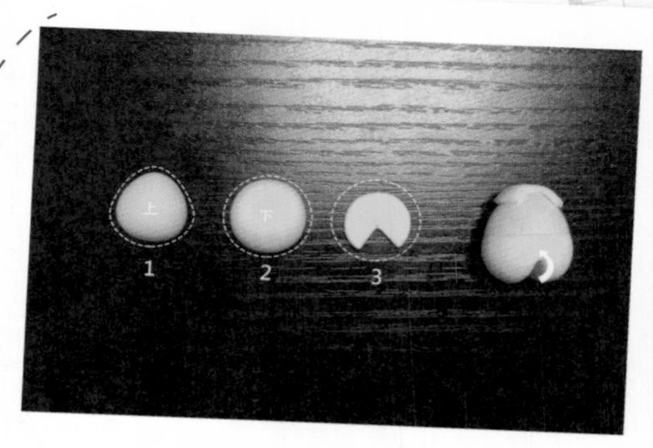

将白色粘土搓成圆润的三角形与黄色粘土粘合，用塑料刀从黄色粘土的中间向上按压，左右摆动增加间距。

3

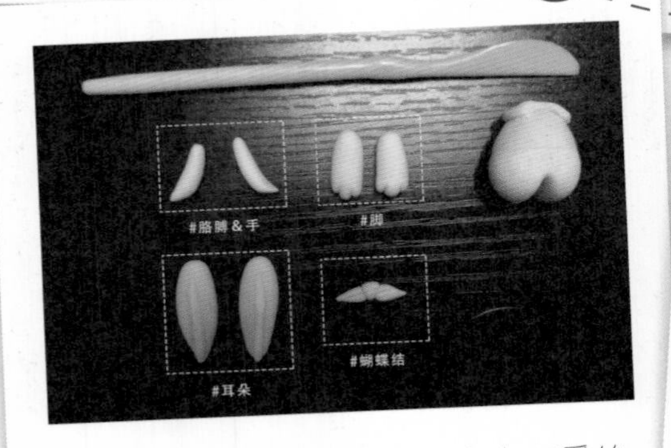

在胳臂的末尾用力压扁就是兔兔可爱的小手了！蝴蝶结的部分可以换成你喜欢的样子。

4

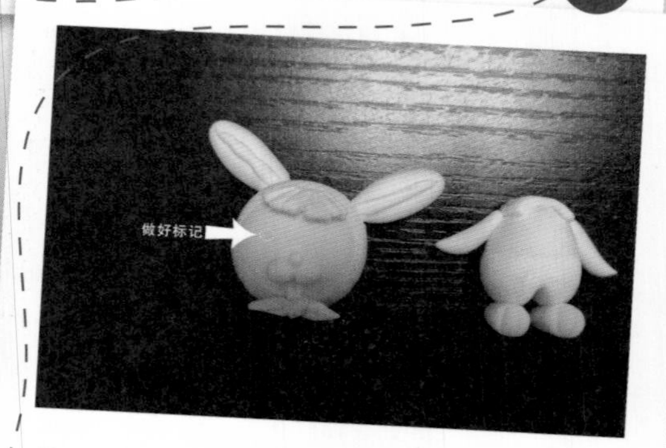

将头和身子放置稍干后，用工具或者笔将眼睛作好标记。

5

6

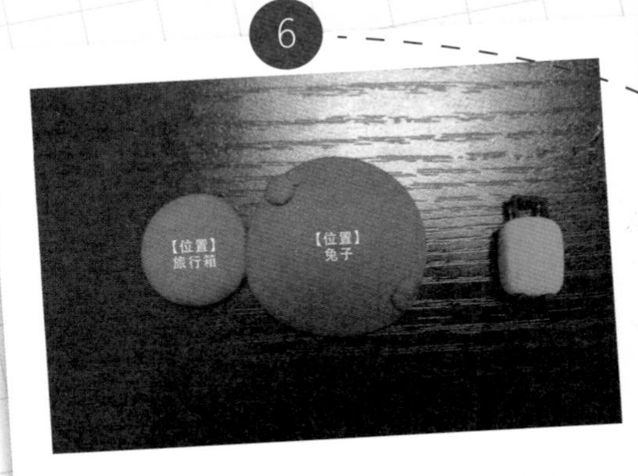

等待的时候我们做出一些配件，你也可以按照自己的喜好做出其他的小配件。

7

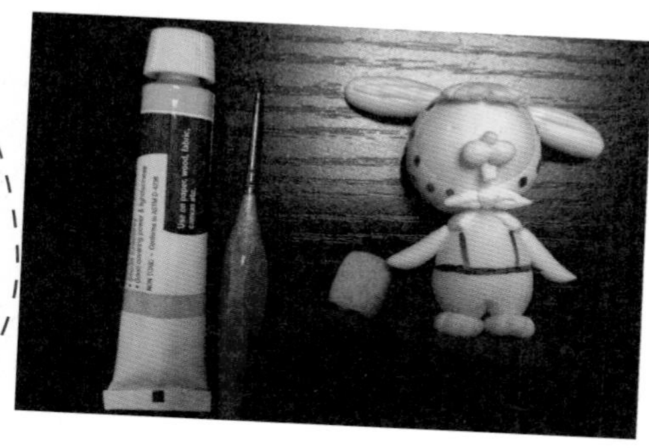

干一些后，我们用咖啡色的丙烯颜料画出需要的图案，你也可以画成心形、方形或者星星都可以！

8

最后我们将底座和兔子粘在一起，一只带着毛巾的兔子就做好了。

9

成品图。

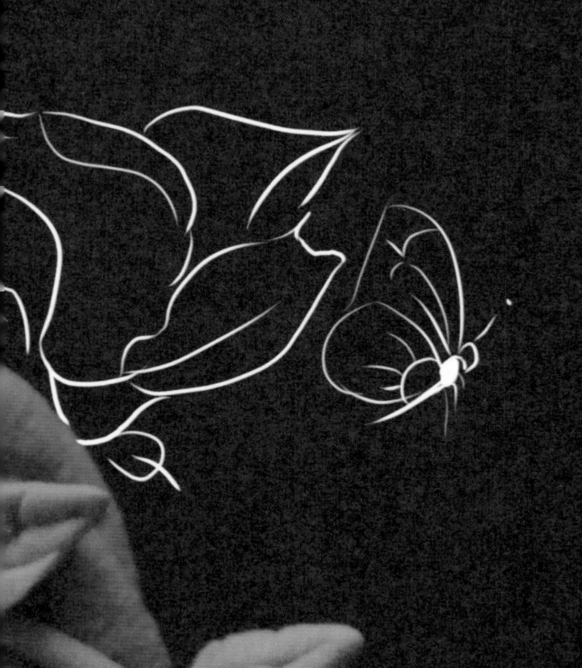

藤条上的变色龙

冷血动物

向来都是一群矫情的家伙

他们似乎很不合群

不过他们呆呆的样子

在某些时候

也是萌萌的呢

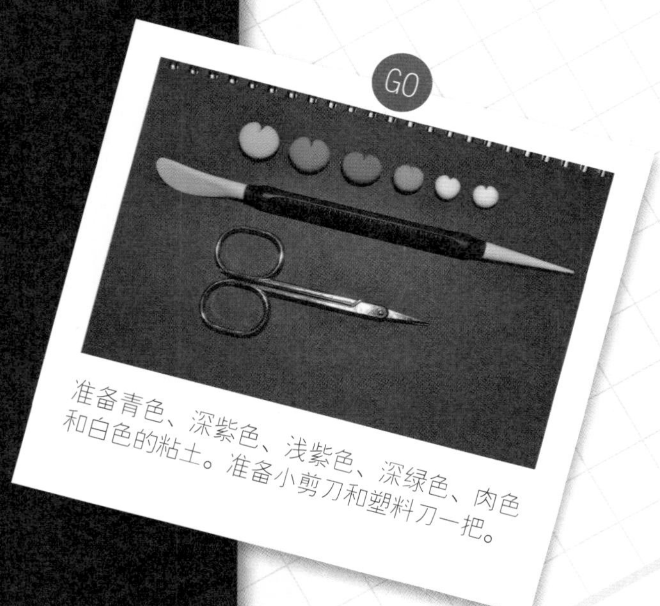

准备青色、深紫色、浅紫色、深绿色、肉色和白色的粘土。准备小剪刀和塑料刀一把。

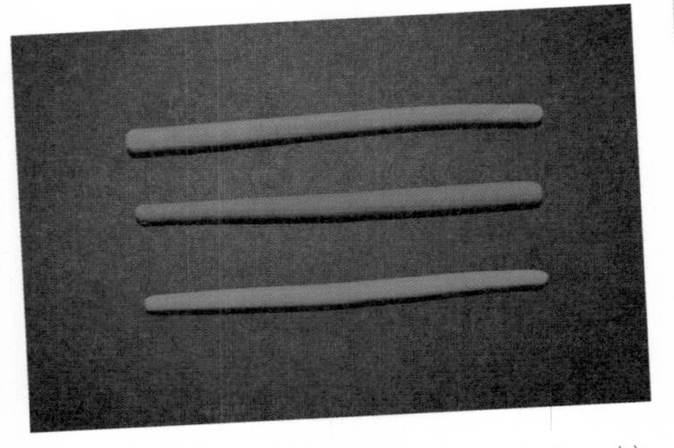

将深紫色和浅紫色的粘土搓成长条，按照图片的方式摆放好。

1

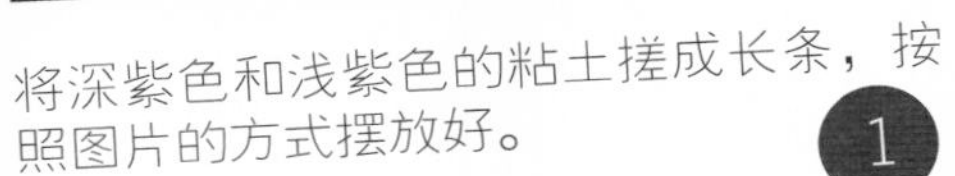

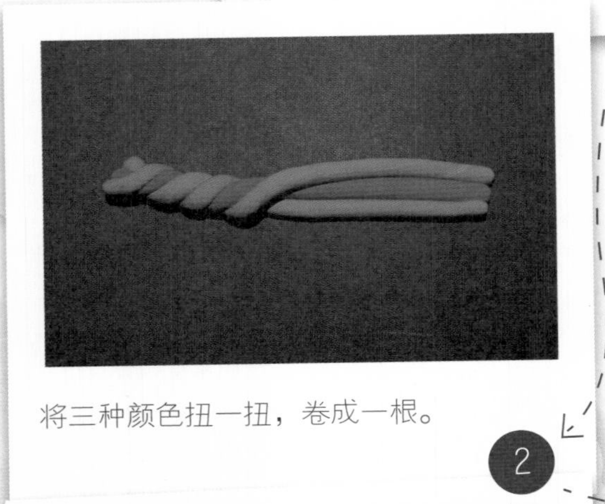

将三种颜色扭一扭，卷成一根。

2

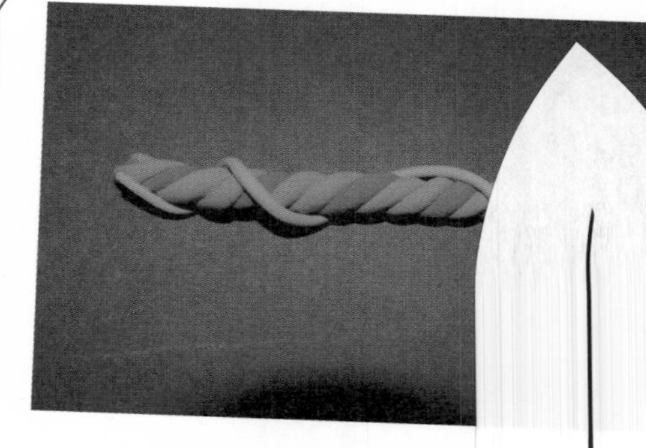

再用同样的方法将绿色长条缠

将它粘成一个圆环后，另准备粘土搓成长条，按照图片卷起来。

4

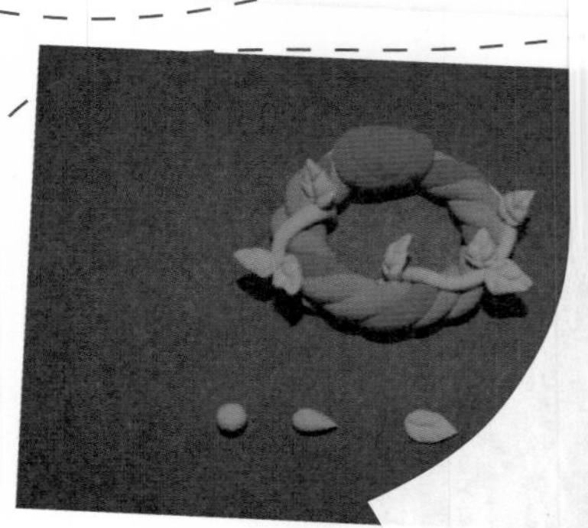

卷成圆形后我们来做可
的步骤要循序渐进，从圆
到压出叶脉，最后调整开
需要尖尖的。因为选的颜
子也会偏向棱角分明的木

5

6

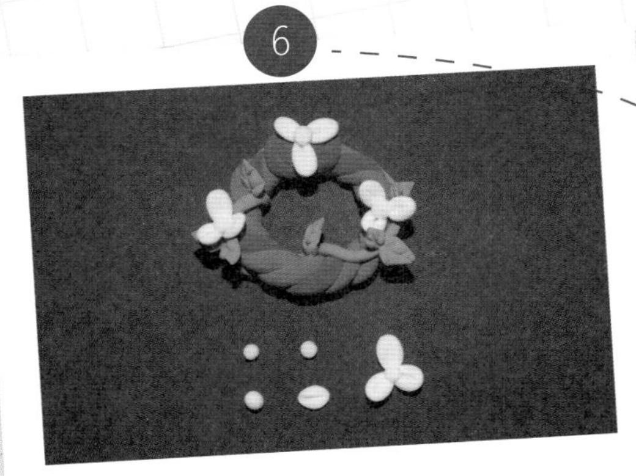

按照下面的顺序，将粘土搓成圆球，压出叶脉后粘成三瓣的花朵。

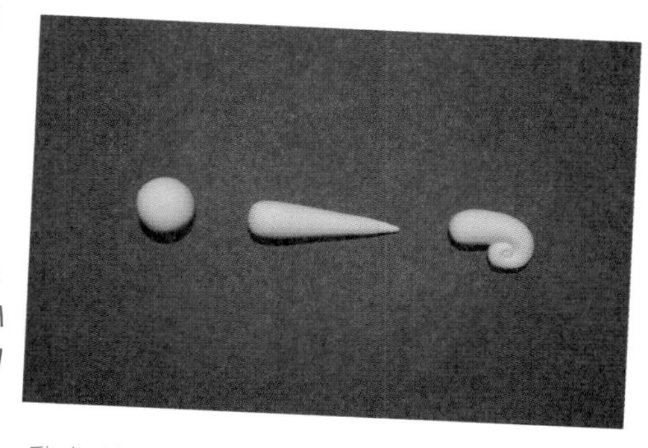

我们将青色的粘土搓成圆形，紧接着搓成一个萝卜形状。就是上面粗粗的，下面尖尖的。搓好后我们将尖尖的部分逐渐卷向粗粗的部位。

7

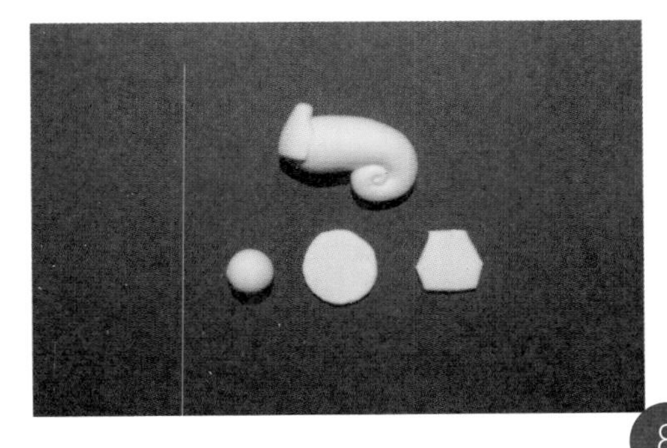

8

接下来我们做出头上异形的“面具”。将搓好的球压扁，再用剪刀剪成需要的样子。

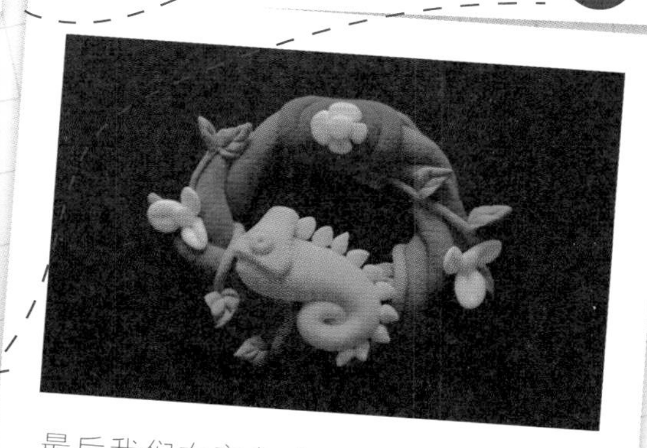

最后我们在变色龙的后背粘上小小的刺，再搓一个小球粘在眼睛的部位，再用工具扎一下，就完工啦！

9

叶子上的小蜗牛

小小的蜗牛

拖着装载着梦想的壳子

脚踏实地向上爬

一步两步

一步两步

这小小的身体

究竟蕴藏着多大的能量

准备肉色、玫瑰红色、绿色、黄色、白色和黑色的粘土，并准备小剪刀和塑料刀各一把。

1

用玫瑰红色搓成长条，这时一定要注意的是尾部需要窄一点，这样卷出来的“壳”，会非常漂亮。

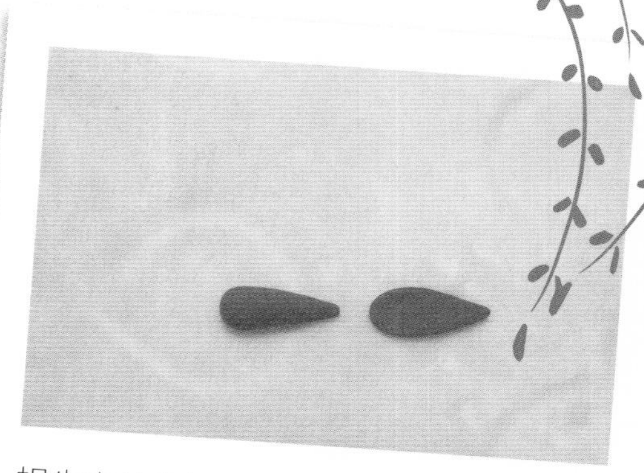

2

蜗牛壳的底部是一个压扁的水滴状哦！

3

接下来我们将压扁的水滴形，粘在蜗牛壳的底部。

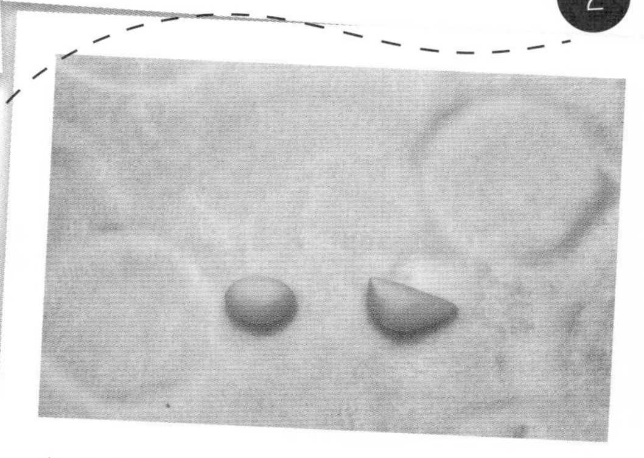

4

准备肉色搓成椭圆后，再将形状按照图片右侧的样子做出来。

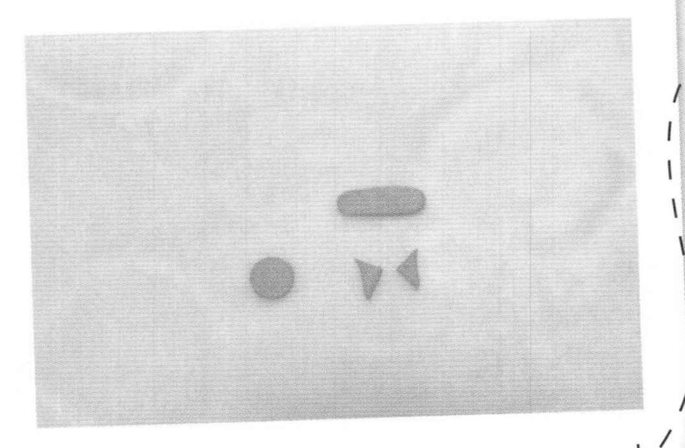

5

接着将黄色搓成长条压扁，在准备黄色球压扁后剪成两个三角形。

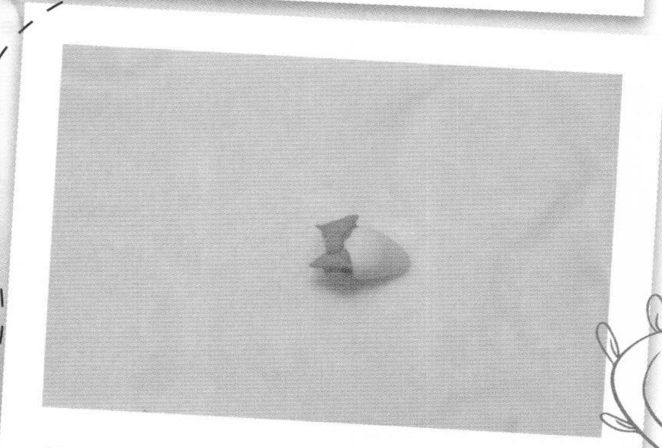

6

将上一步做好的三角形粘贴在蜗牛的身上。

7

再将重重的壳粘在上面。

准备左边的零件，拼成右侧的眼睛。

8

将眼睛粘上去后会有一种呆萌呆萌的感觉。

9

最后我们来做小叶子，一大一小。

10

什么！竟然在我不知道的情况下跑到了叶子上！

11

Class 3

冰雪奇缘

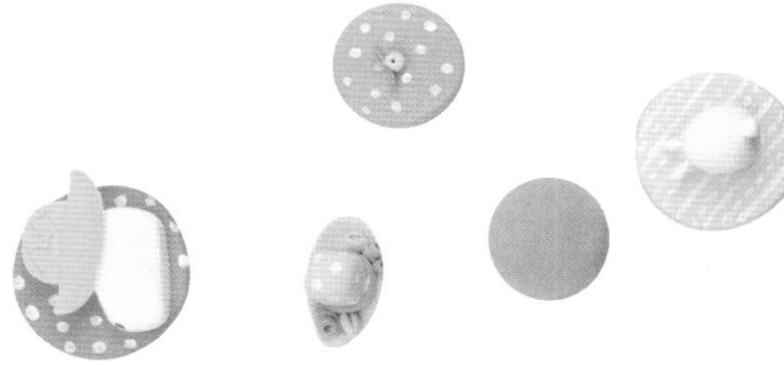

北极熊宝宝

冬季总是让人留恋自己的被窝

总想美美地睡上一天不被打扰

当然

如果能抱着北极熊呼呼大睡

就再好不过了

看到时候谁敢叫我起床

准备黄色、白色和黑色的粘土。准备工具刀、弯头工具和尖嘴尖刀。

1

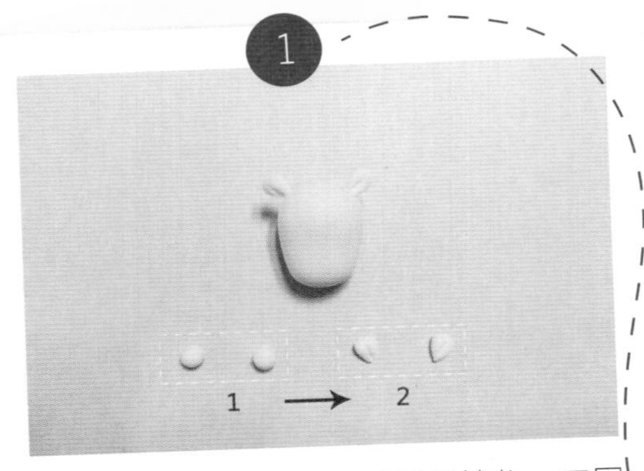

将白色粘土搓成圆形之后用手按住，四周轻轻按压做出北极熊脸部的样子，力道过了的话脸会变长就不萌了。如果做的是爸爸，可以稍微有些棱角，如果是熊宝宝和妈妈的话，尽量圆润一些。耳朵呢，要尽量小小的，这样会显得可爱。

2

身子搓成水滴状。

3

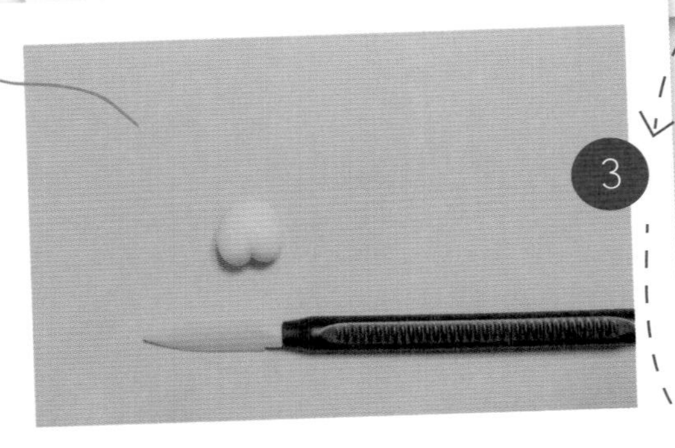

用塑料刀自下而上地割出粗粗的腿。

4

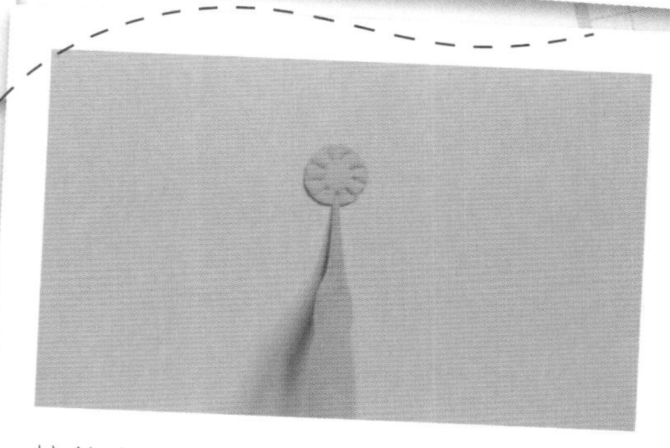

接着我们用工具在四周压出花纹，做出他的帽子。

5

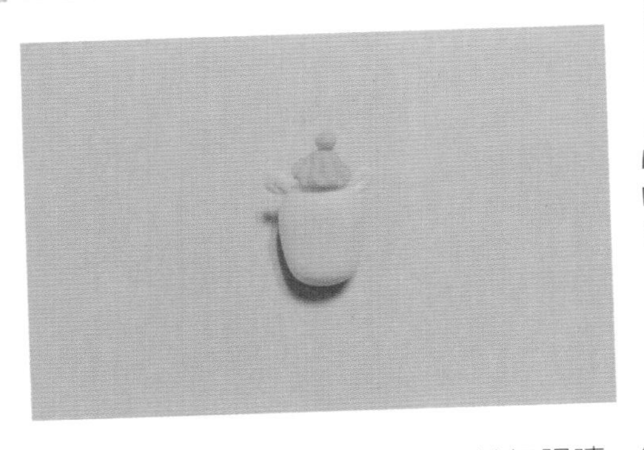

在帽子上加一个圆圆的小球，并把眼睛的位置定出来。因为有的时候会定不准，所以懒猫用剪刀张开适当的角度，这样可以确保眼睛在同一水平线上。

6

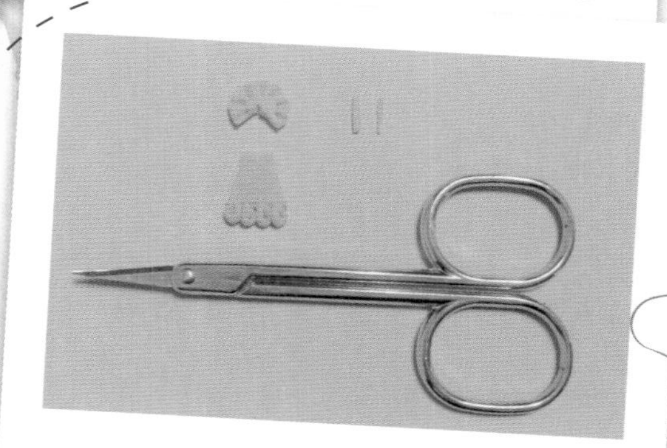

接着我们用黄色粘土做出他的小围裙，这里你可以加入自己的想法，做出不同样式的围裙。

7

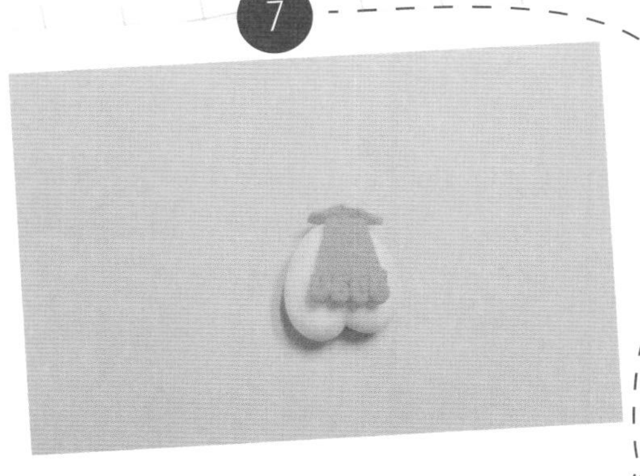

将它们组合在一起。

接下来，我们需要的就是做出他粗粗短短的胳膊，同样是水滴状。

8

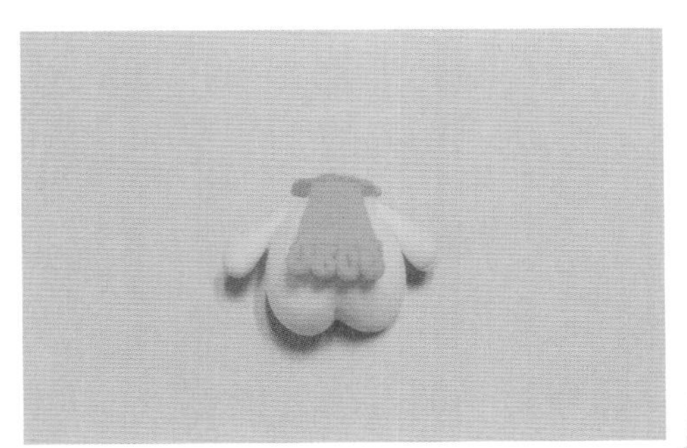

将胳膊粘贴在两侧。

9

再将鼻子和眼睛粘贴上，如果细心的话，还可以加一小点点白色的反光点哦。

10

用铁丝插在身子的中间固定好，最后我们涂上胶水，固定好整体就可以了。

11

成品图。

12

恋爱的小白鼠

在北极是否有这样一这个世界

虽然被白雪覆盖

却温暖如春

躺在厚厚的被雪覆盖的草地上

竟然像妈妈晒过的被子一般温暖

天空中有耀眼的极光

这般景象就好像恋爱般甜美

准备白色、红色、灰色的粘土。准备圆尖头工具、小号丸棒和扁嘴工具。

1

将深灰色粘土压扁剪成宽两厘米长的长条，按照图片将长条折起来，这一步需要的粘土稍微干爽一些，这样褶皱才自然不粘连。

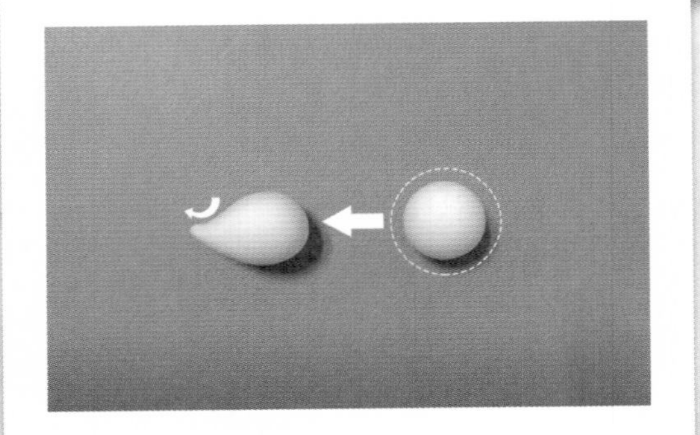

白色圆形搓成水滴状，然后将尖的一头向上弯曲一些，做好后放在一边风干。

2

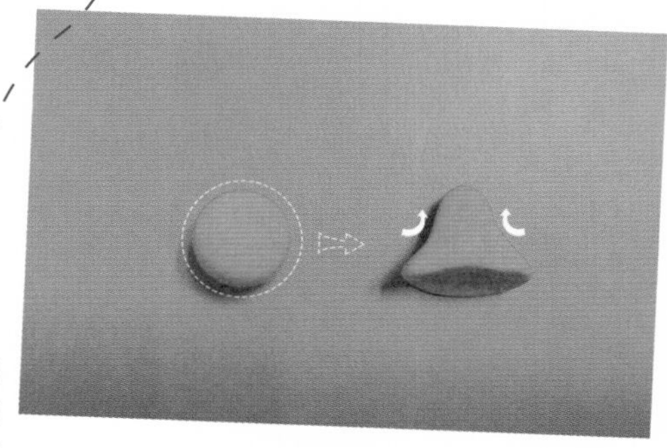

将搓成圆形的红色粘土搓成水滴状，然后再用拇指抹平底部。

3

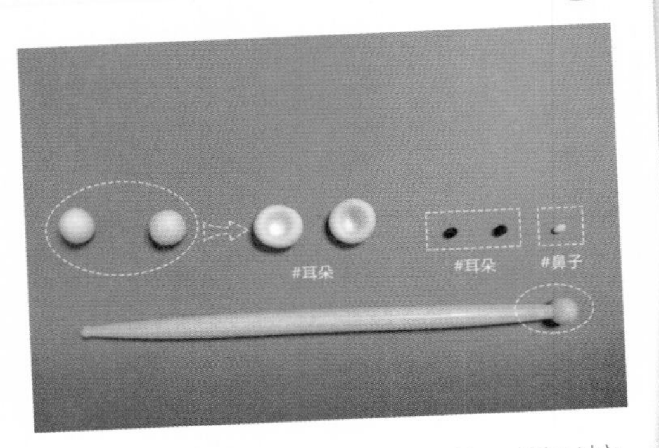

耳朵依然要做得稍微厚实一些，所以按压的时候不要太用力。

4

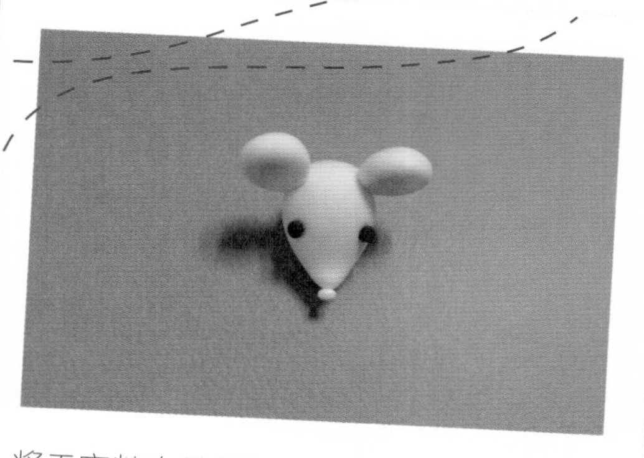

将五官粘在做好的头上，你可以事先在头部标记上眼睛和耳朵的位置，防止粘偏。

5

6

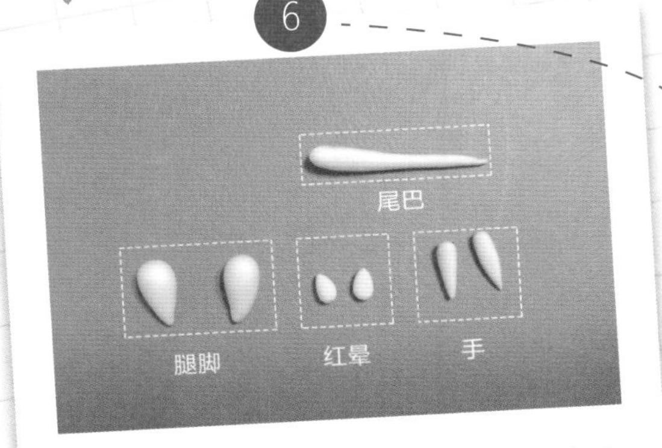

要注意的只有脚的部分，要让脚尖向内弯曲一些。

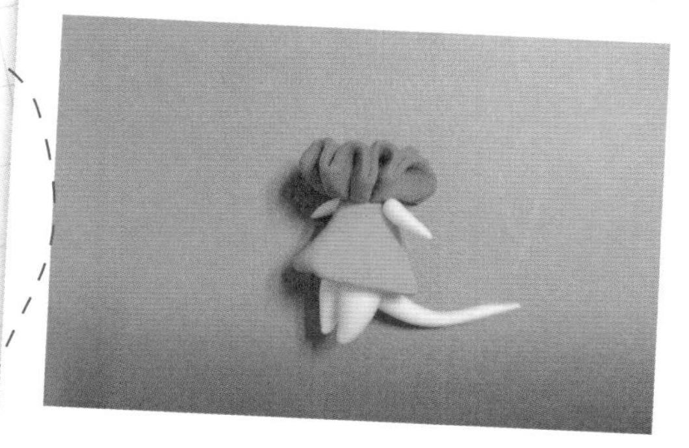

接下来我们将折好的灰色部分放在身子上。

7

最后将头部粘在灰色的领子上。懒猫还给可爱的小白鼠头上做了一朵玫瑰花，你也可以做一些其他的小装饰哦。

8

成品图。

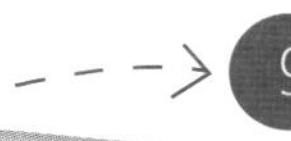

9

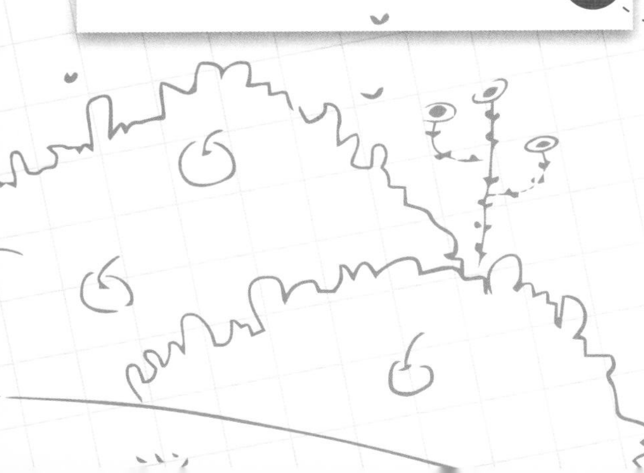

迷路的企鹅

南极的企鹅没有见过北极的熊

可是南极的企鹅有一颗冒险的心

他们翻山越岭历尽千辛万苦

最后果然迷路了呢

不过这样的困难怎么能打倒

有着决心的帝企鹅

他们可都是勇敢的冒险家

准备黑色、黄色和白色的粘土。准备塑料刀、锥型工具和大号丸棒。

将黑色粘土捏成水滴形，用大号丸棒在上面按压出凹痕。

1

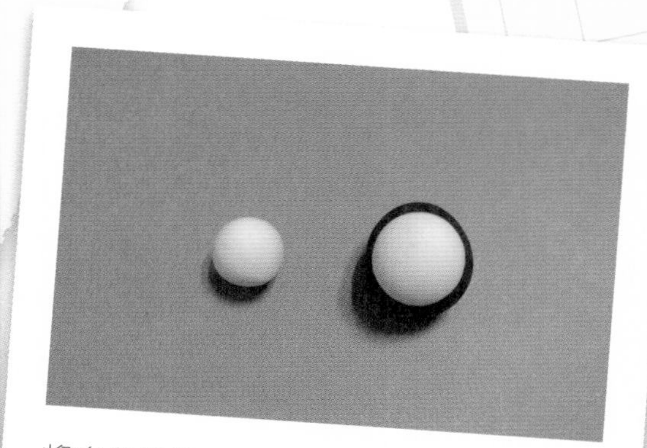

将白色的圆球按在刚刚的凹痕里，再搓成水滴状。

2

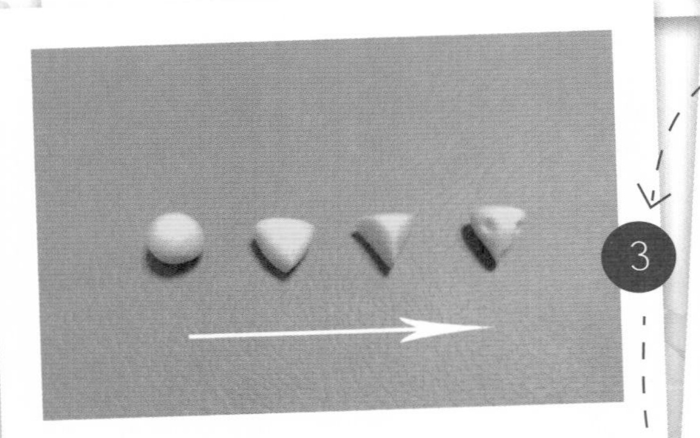

将黄色的圆球按压成三角形，接着我们将带角的地方压成尖锐的样式，然后插出企鹅鼻孔的样子即可。

3

接着将可爱的脚蹼做出来，记得压出凹痕后，也要塑形。

4

胳膊要做成锥形，尾巴尽量小一些。

可爱的胖胖企鹅就出现啦！

成品图。

南极的天空某一片云朵中

是否藏着一条巨大的白鲸

要不然怎么会漏下滴滴的水

我想下雨的声音一定是白鲸先生在唱歌嘞

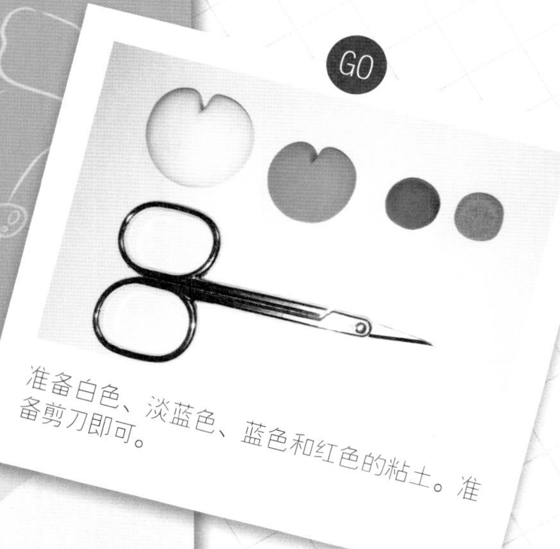

准备白色、淡蓝色、蓝色和红色的粘土。准备剪刀即可。

我们准备白色和淡蓝色的粘土，将它们揉在一起搓成胖胖的圆形。

1

这一步要稍微耐心一些哦，你可以先搓成水滴状，然后在尾部用手向后拽一些，不要太大力了。

2

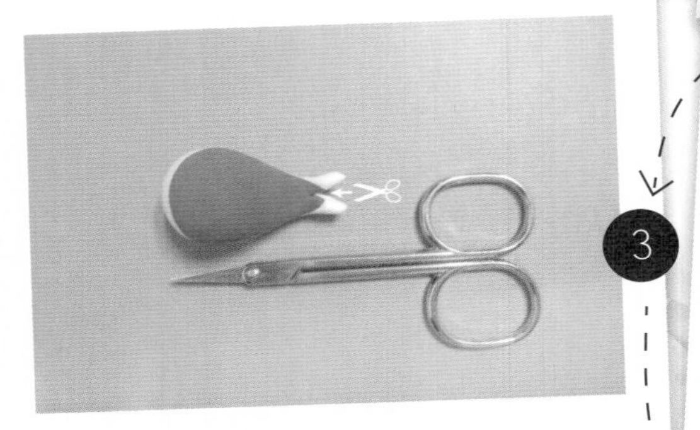

尾部我们用尖嘴剪刀剪开一厘米左右的开口，放置一边，风干一些。

3

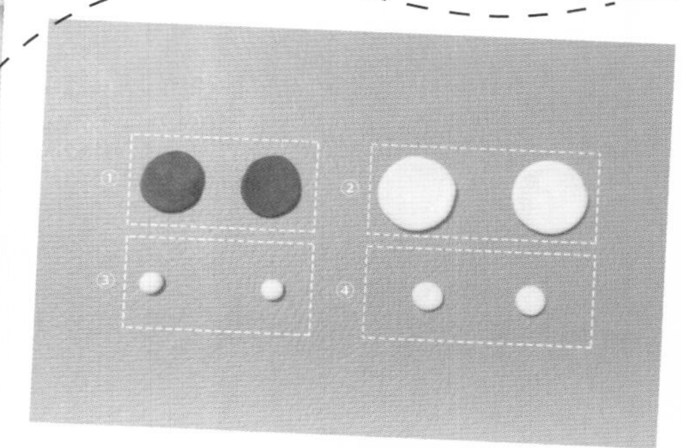

分别用蓝色和白色粘土搓成大小不同的圆形，一定记得尽量薄一些。

4

5

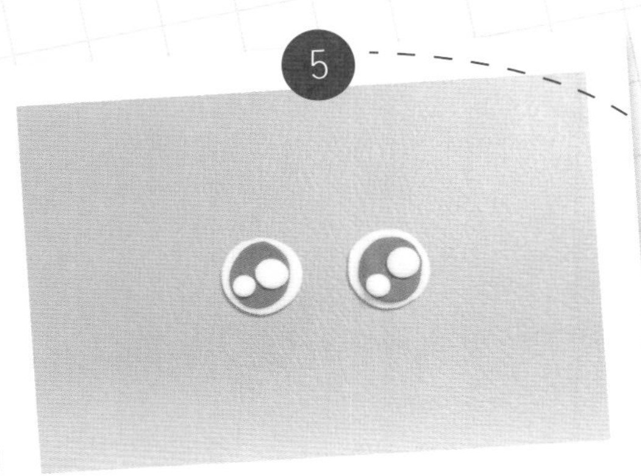

将这些基础的圆球拼接后，你会发现眼睛其实很简单。这里告诉你一个小秘密哦，如果想让眼睛有神就将最小的反光点（最小的白色圆）放在靠上的位置，相反想要眼神感觉很失落或者哭泣，就将它放在靠进下面的位置。

6

将眼睛粘在两侧。

7

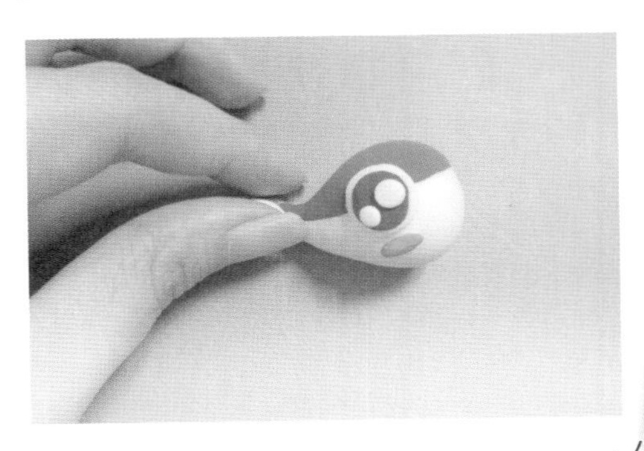

最后我们加上一个小小的红晕即可。

8

成品图。

白绒绒的雪狐狸

在家的时候

很喜欢看《动物世界》

记得有一次

看到一只雪白的狐狸

在雪地中打滚

至今，那活泼可爱的样子

还在脑海中挥之不去

准备白色及淡蓝色的粘土，小剪刀和塑料刀各一把。

1

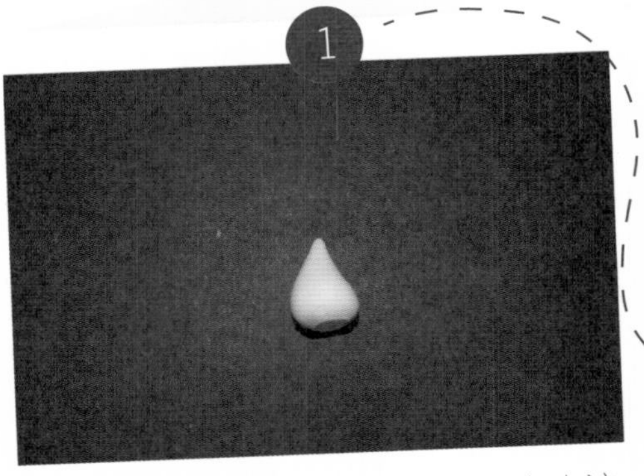

将粘土搓成水滴状，在这里要注意水滴的左边是半弧形，但是右边需要凹进去一些。

2

将白色和淡蓝色搓成小球连成一排，围成圆形，将做好的项链戴在搓好的水滴状上。

3

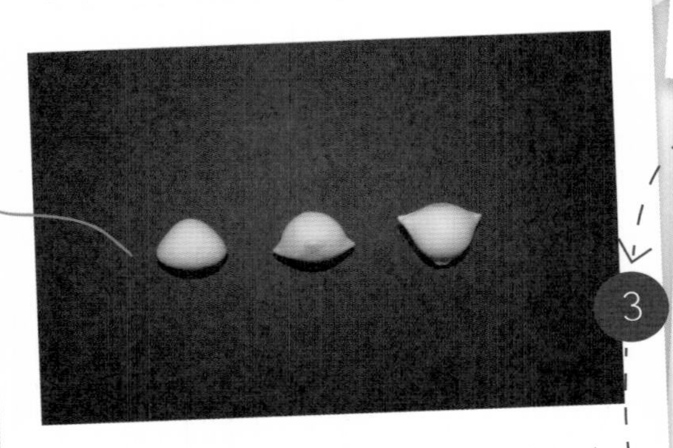

接下来我们要做的是狐狸的头，这一步要循序渐进，懒猫也是做了好几遍的呢。在这里要注意的是，将圆形搓成一个近似三角形，然后捏出两边尖尖的腮帮后再捏出尖尖的嘴巴，最后一个展示的是仰视图。

4

终于做好了，真是棒棒哒！记得剪开两边，这里是小狐狸的毛哦。

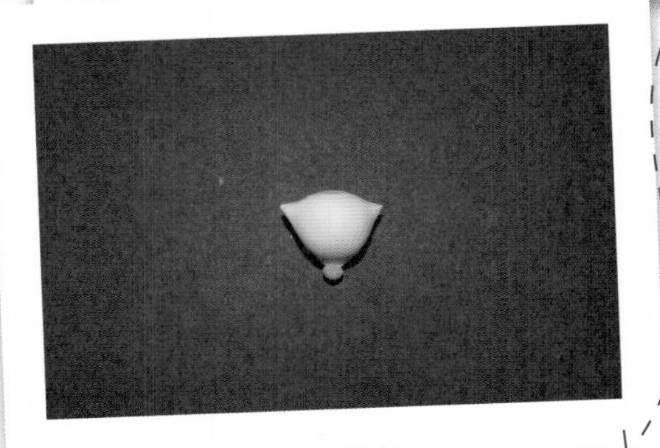

粘上鼻子，是不是很简单！

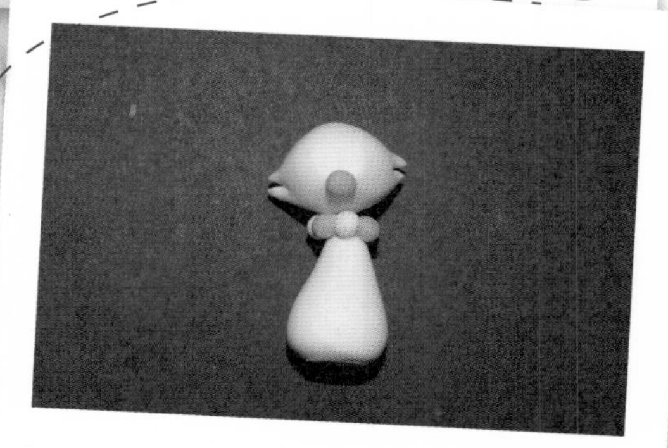

再将头部和身子粘好！懒猫粘的时候让他的头有点歪歪的，这样俏皮一些，你也可以粘得正一些哦，低头也是可以的。

7

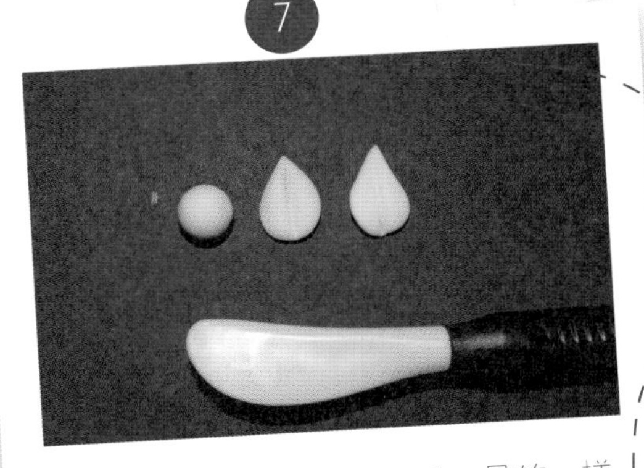

乍一看是不是好像叶子，哈，是的，搓成球后按照做叶子的方法压出叶脉，再调整形状。可是这不是叶子哈，是小狐狸可爱的耳朵。

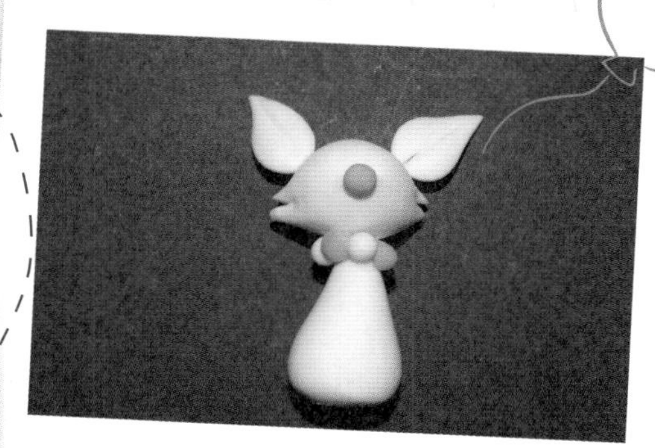

不信你看！

8

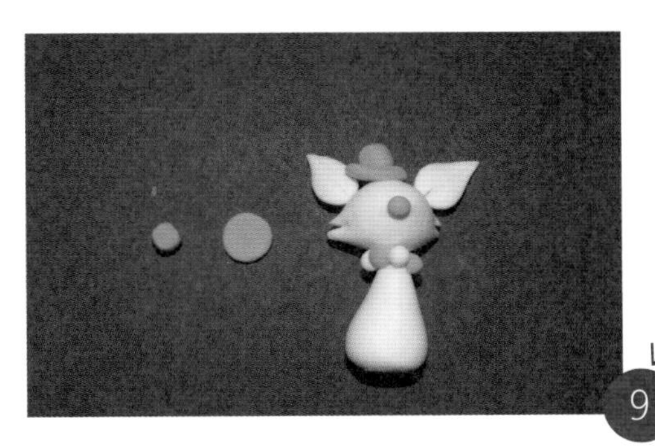

9

小狐狸可是一个很讲究的绅士哦，所以当然必备一顶帽子啦。我们将左侧的蓝色方块粘到压扁的蓝色圆形中央。

尾巴则是用两种颜色拧在一起，记得调整形状，前后都是尖尖的样子才可以，两头尖尖的、胖胖的，才是可爱的小尾巴！

10

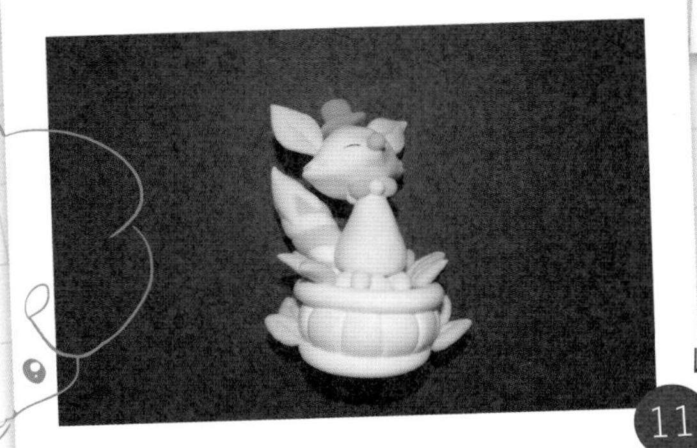

11

最后我们将尾巴粘在小狐狸的身子后面，除了蓝色的搭配，你还可以用白色掺一些红色，做出粉红的狐狸哦！

成品图。

12

Class 4

天空之城

小猪飞上天

晴天小猪是儿时的回忆

一只胖胖的萌萌的猪

跑到月亮上去

会发生什么样的故事

或许他会爱上这种自由的味道

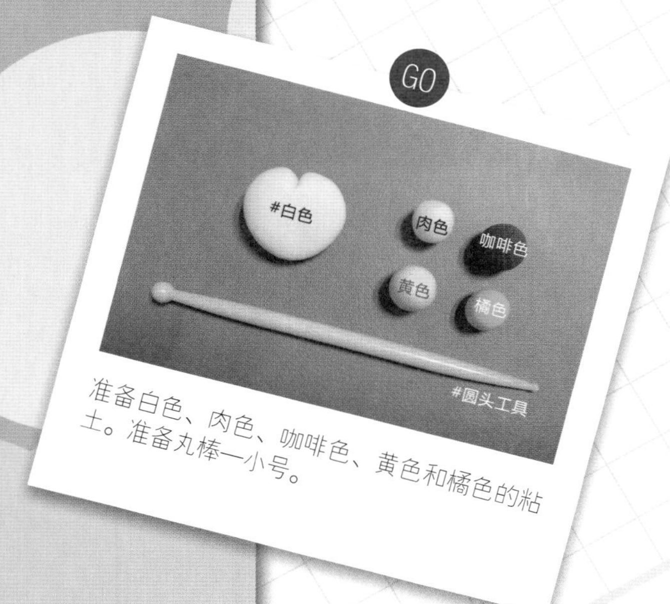

准备白色、肉色、咖啡色、黄色和橘色的粘土。准备丸棒一小号。

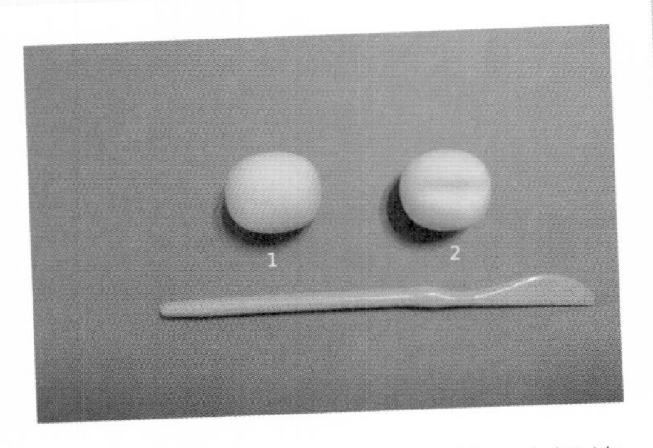

将白色粘土搓成圆形，用塑料刀中间的部分在椭圆小球1/3的位置压下去。

1

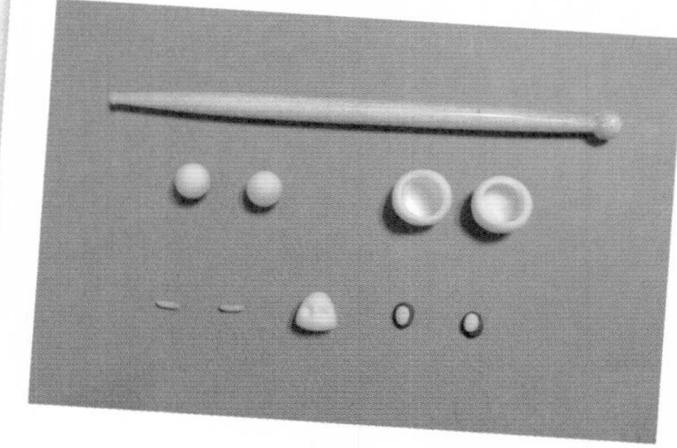

用小号的丸棒一次将耳朵眼睛鼻子和红晕做出来。

2

然后将它们组合到一起，记得耳朵可以任意大哦。

3

身体在做的时候记得侧面要稍微有些小弧度，这样可以突出胖胖的肚子。

4

5

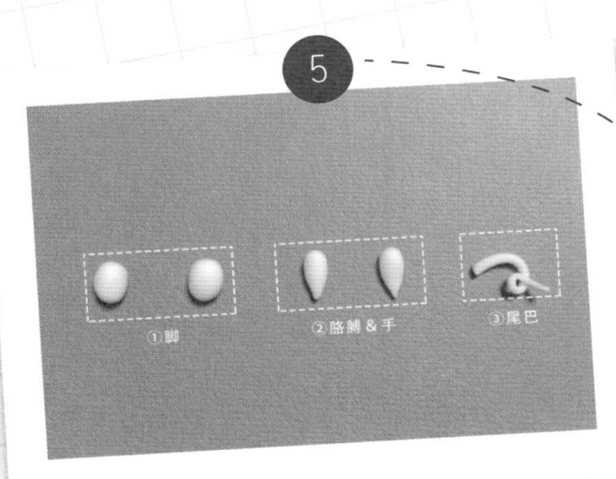

脚、胳膊和尾巴都是基础的形状，但尽量要小。

将他们粘在身体上。

6

最后懒猫还给他戴了帽子，并且做了一个月亮用来装饰。

7

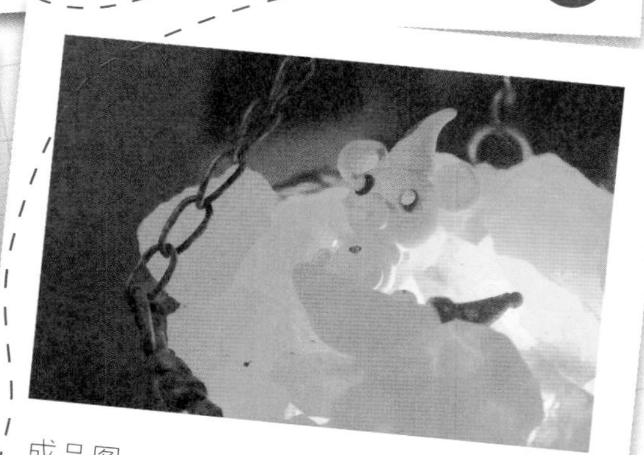

成品图。

8

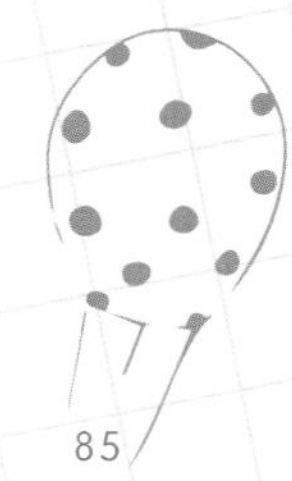

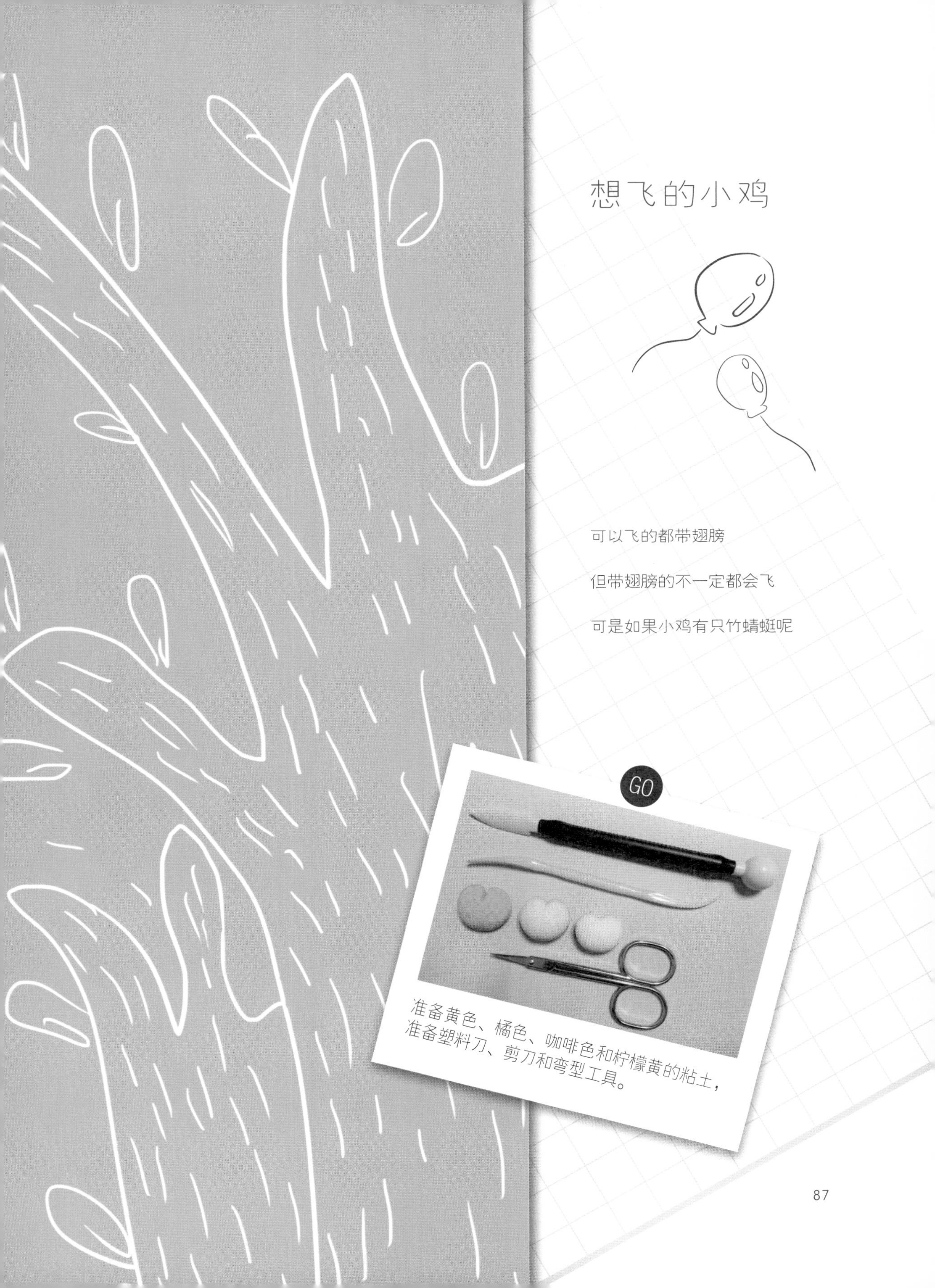

想飞的小鸡

可以飞的都带翅膀

但带翅膀的不一定都会飞

可是如果小鸡有只竹蜻蜓呢

准备黄色、橘色、咖啡色和柠檬黄的粘土，准备塑料刀、剪刀和弯型工具。

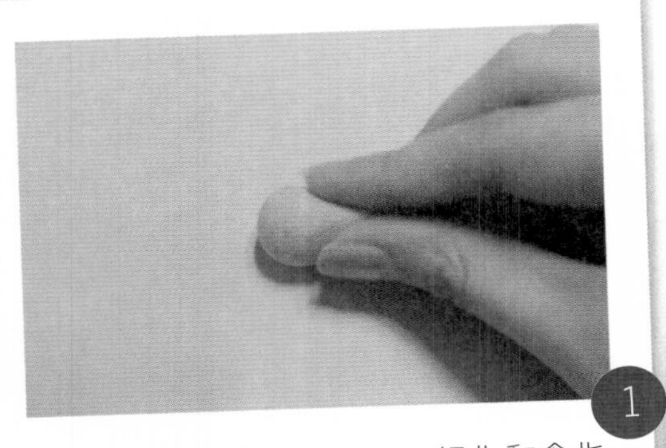

1

将捏成圆形的黄色粘土，用拇指和食指向后按压出小鸡扁扁的尾巴，如果形状不舒服可以多做几次。注意粘土需要稍微湿润一些的，你可以用小喷壶喷一些水保持湿润。

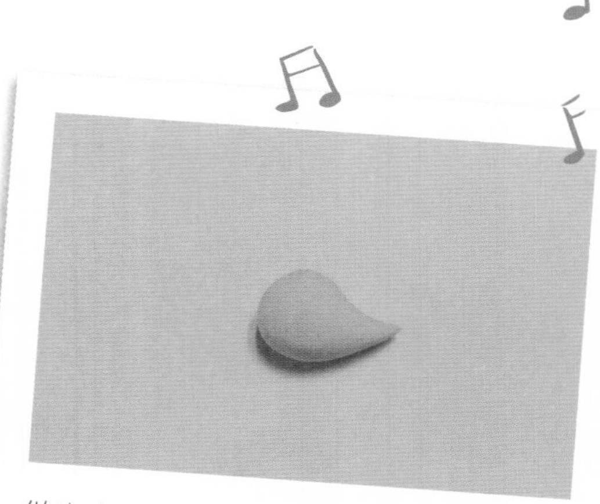

做出来的形状应该是这样的。

2

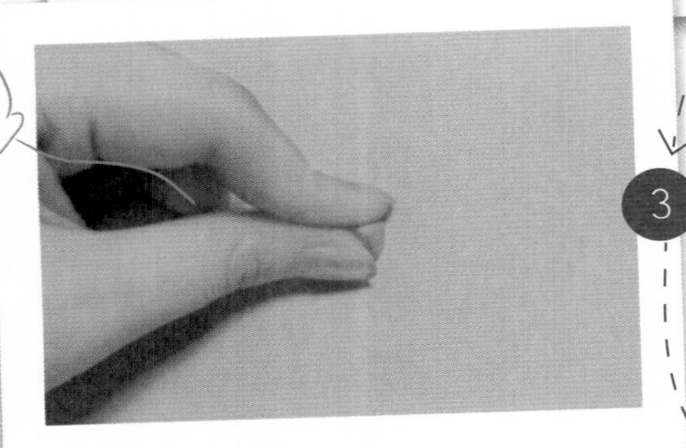

3

依然用手捏出棱角分明的三角形。

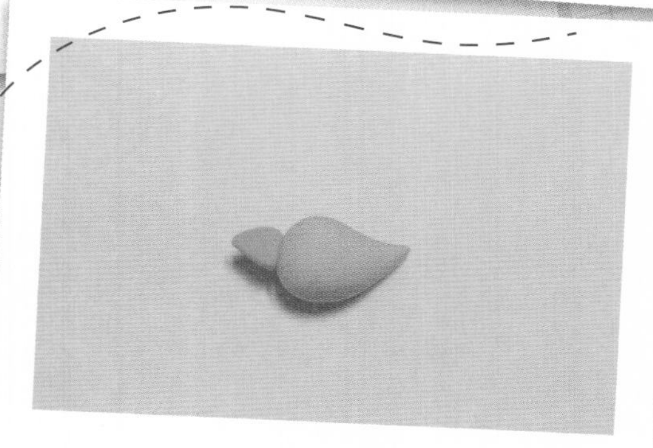

将尖尖的嘴巴粘贴上，记得鼻孔，要不然无法呼吸啦！

4

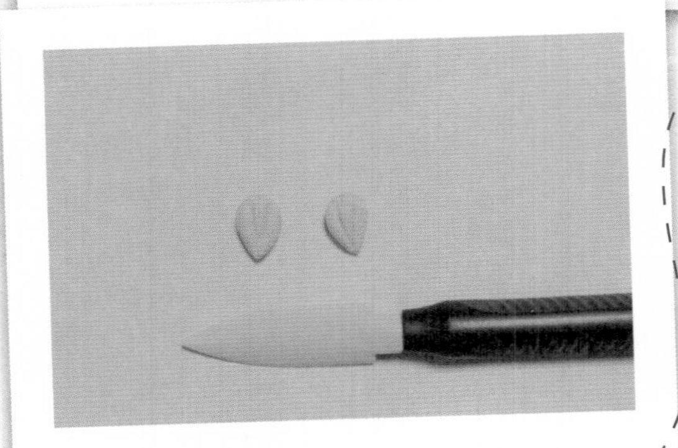

将水滴状按扁，再用工具刀按压两刀。

5

在身子的两侧粘上可爱的翅膀，记得尖的位置要朝向嘴巴的位置哦。

6

7

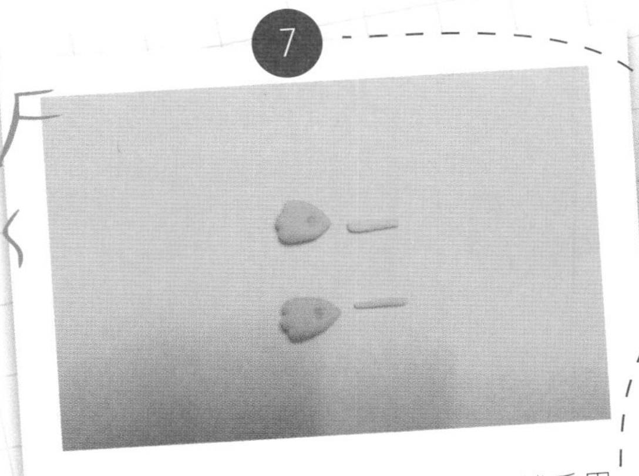

将水滴状的橘色粘土微微压扁，然后用工具刀压出两个凹痕。

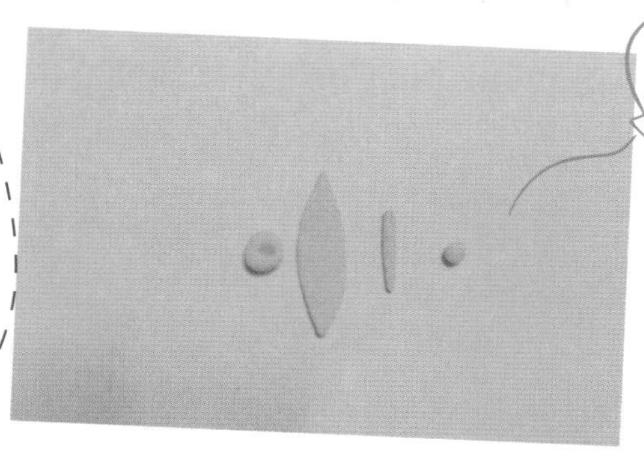

接下来我们来做简易的竹蜻蜓，拆开后就剩下这些零件，第二个圆柱一定要放干后再用胶水粘上，要不然会弯的。

8

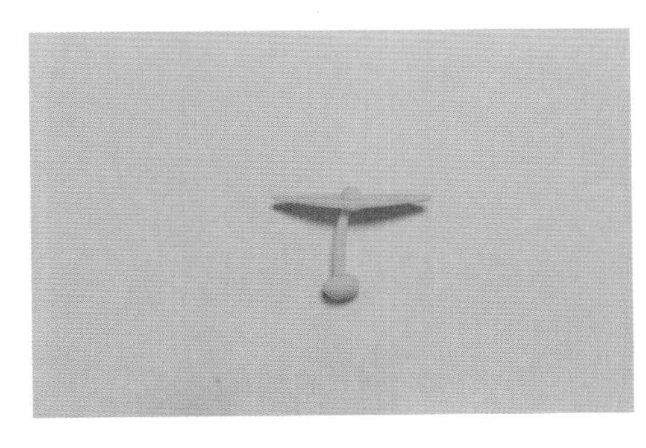

粘贴好后就是这个样子，是不是很简单。

9

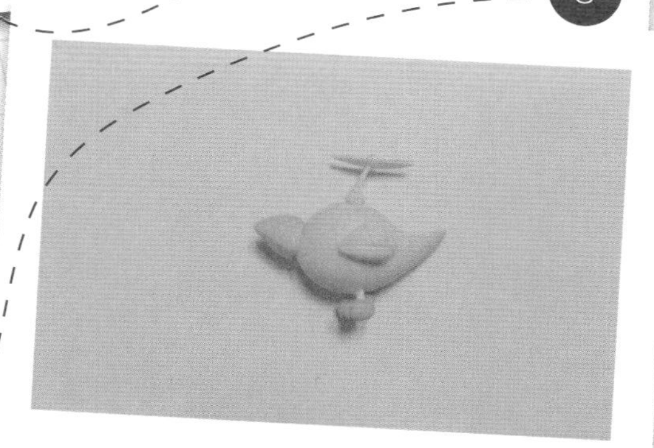

最后我们将眼睛、竹蜻蜓和脚粘在上面，萌萌的小鸡就做好了。你也可以做一只白色的小鸡。

10

11

成品图。

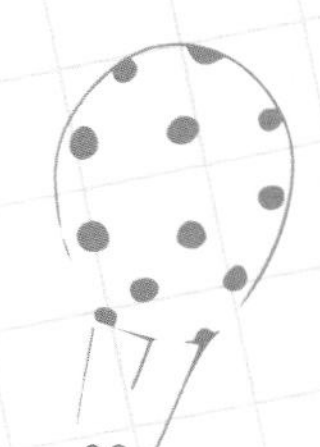

矮胖的鹦鹉

朋友家有一只肥肥的圆圆的鹦鹉

每次一想到他会像皮球一样滚落下来

我就会在旁边笑个不停

而他则仿佛看透了我的小心思

白了我一眼就只用幽怨的背影对着我

迟迟不肯和我玩

GO

准备嫩绿色、黄色、黑色、白色和咖啡色的粘土。准备一把塑料刀。

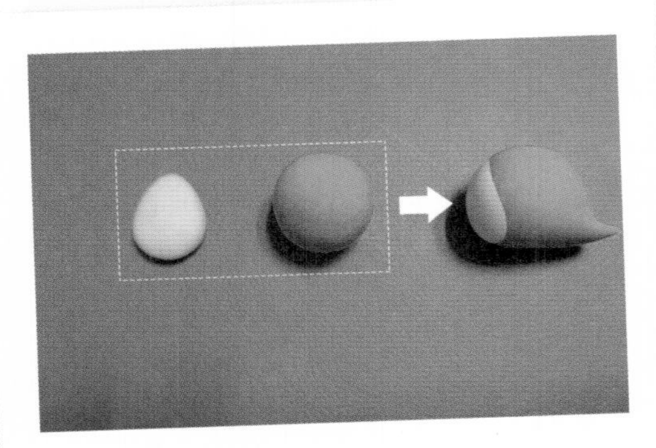

将草绿色粘土捏成圆形小球，然后将圆形小球的尾部搓出一个尖尖的小尖，然后将白色粘土搓成水滴压扁，粘合在一起。

1

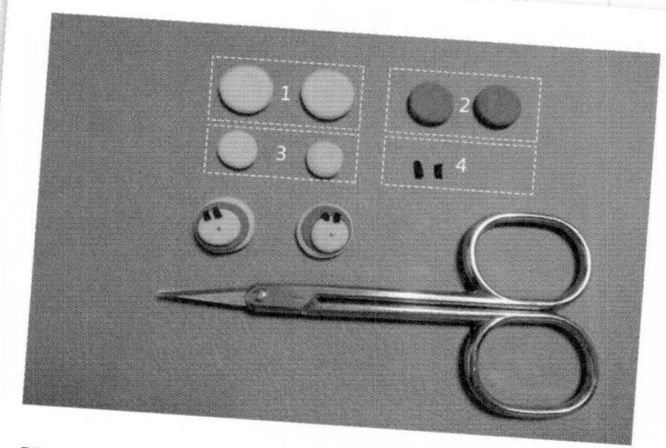

眼睛是由大小不一的圆形小球组成的，因为要叠加很多，所以圆形一定要薄，绝对不能厚，否则就成了汉堡包了哈！

2

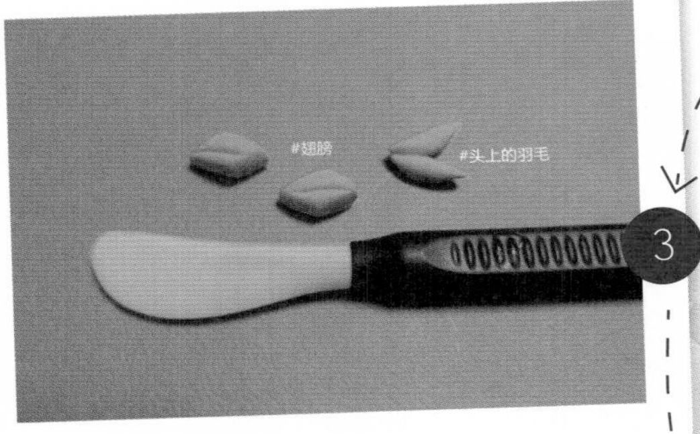

按照图片分别准备出翅膀和头上的羽毛。

3

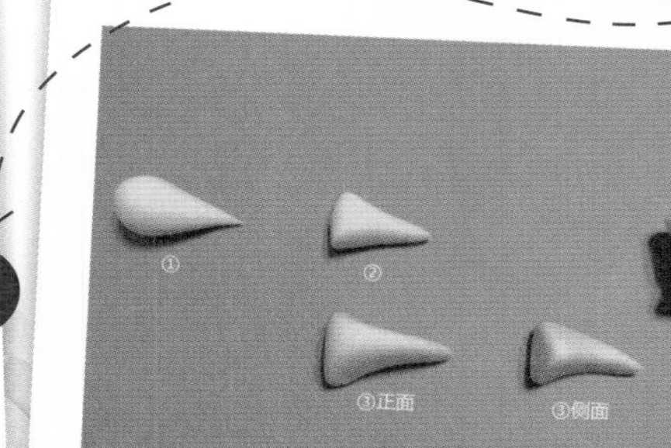

嘴巴的形状没有捷径，所以需要耐心来塑形，千万不要着急哦。

4

5

最后我们把嘴巴眼睛等粘在身上。

最后再准备一些咖啡色粘土捏出树干和脚丫。

6

成品图。

7

树上倒挂的精灵

蝙蝠并不是靠视力

而是用回声定位捕捉食物

这小小的动物在用行动告诉我们

很多事不能仅仅要靠眼睛去看

还应该用心去听

准备白色、肉色、紫色和浅紫色的粘土，准备中号丸棒、尖嘴剪刀和塑料刀。

我们将黑色粘土搓成圆之后，用工具在1/3的位置向下按压。

1

准备黑色和肉色粘土搓成圆。

2

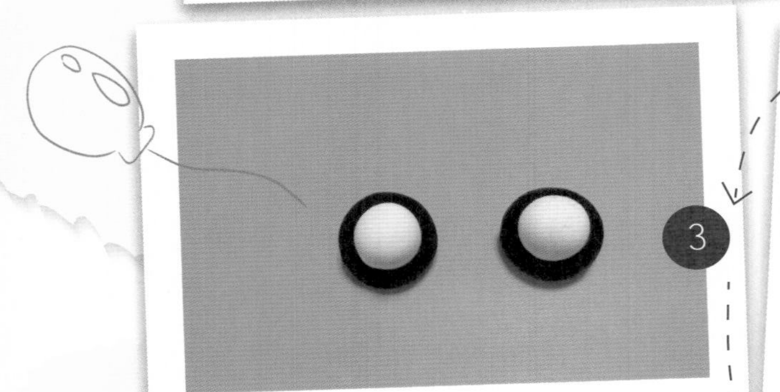

将肉色粘土按压在黑色的球上。

3

然后用丸棒向内按压。

4

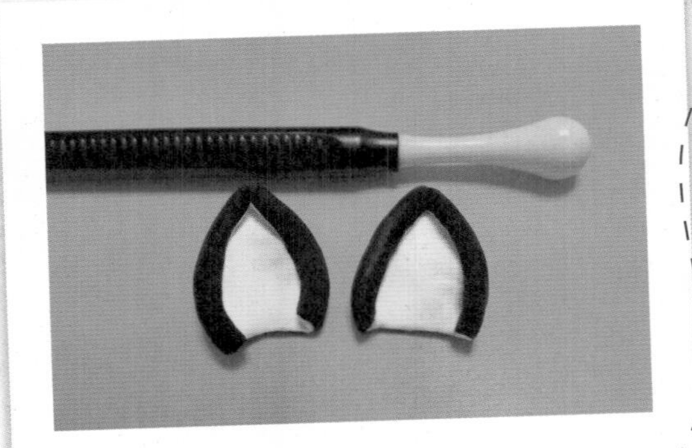

剪下底部然后将边缘圈起来。

5

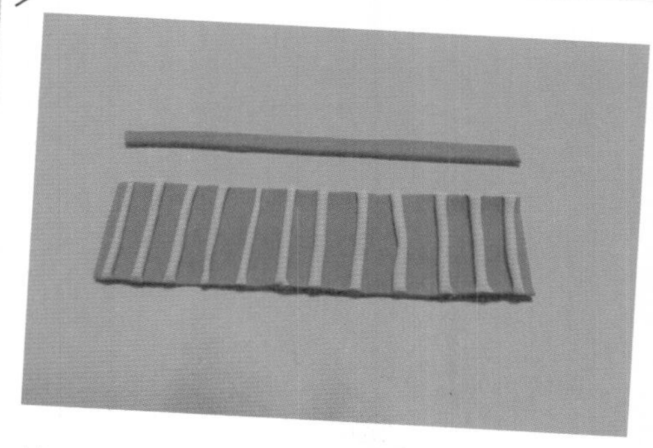

接下来我们做他的衣服 用深紫色粘土搓成长条，压扁后用剪刀剪成长方形，并用浅紫色粘土做出花纹。

6

7

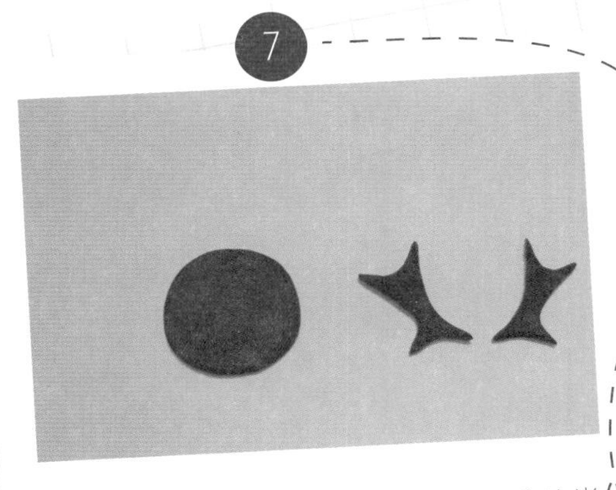

翅膀的部分是用圆形的扁片剪开后的半圆剪出来的。

将这些零件都粘贴上。

8

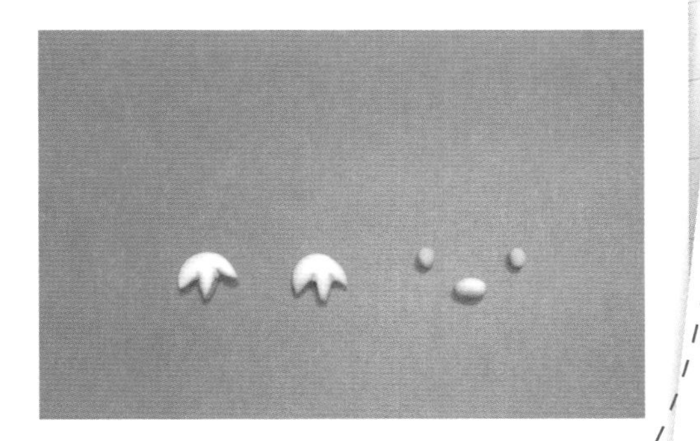

将五官做出来基本就完事了。

9

最后我们将五官粘合，其实你可以把它粘到你的铅笔上。

10

成品图。

11

爱看书的猫头鹰

坚强、果敢、智慧

这个可爱的夜行动物

竟然丝毫没有留下阴险狡诈的印象

反而更像是智慧与先知的化身

可是再厉害的化身

也有睡不着的时候吧

准备紫色、黄色、黑色、白色和红色的粘土。准备工具尖嘴剪刀和塑料刀。

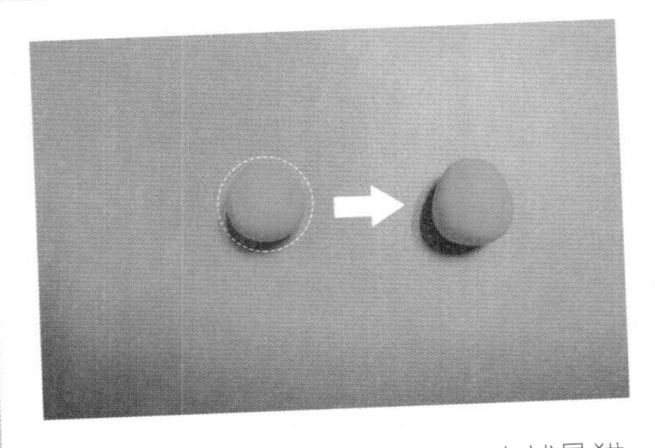

将紫色粘土搓成鸡蛋的形状，也就是猫头鹰的身子。

1

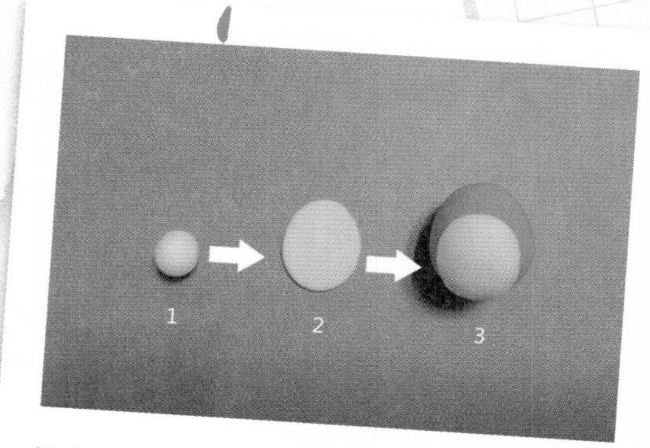

将白色粘土搓成椭圆形压扁，粘贴在身上。

2

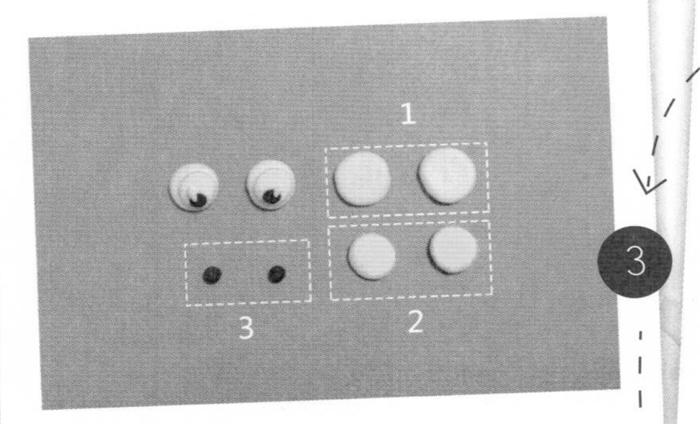

眼睛是由不同大小的圆形小球组成，因为需要叠加，所以一定要薄一些。

3

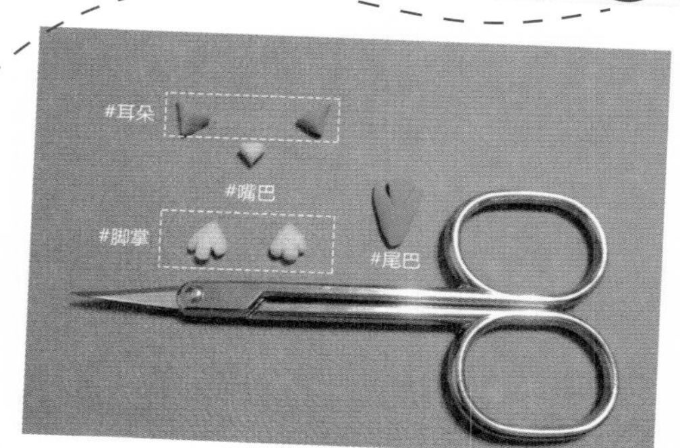

注意耳朵和鼻子都要尽量小一些，棱角要分明。 脚和尾巴间的缝隙要大一点。

4

5

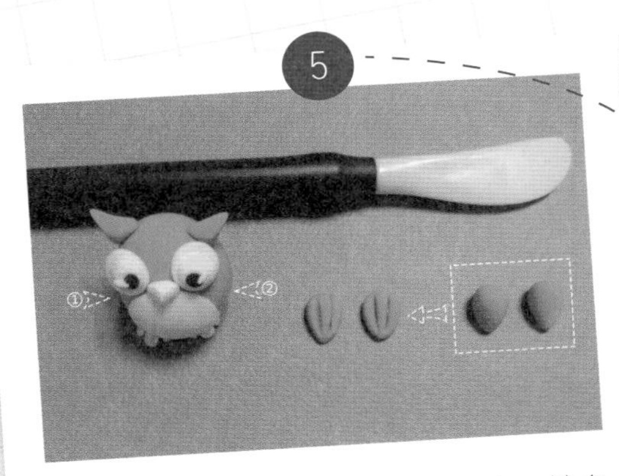

注意耳朵和鼻子都要尽量小一些，棱角要分明。脚和尾巴间的缝隙要大一点。

最后懒猫还准备了两本书给他哈。

6

成品图。

7

Graduating Class

温暖年华

爸爸和儿子

儿子：太阳晒屁股了，该起床啦！
爸爸：太阳一直在晒好吗！现在是极昼，宝贝！

儿子：爸比，我要上学啦。
爸爸：嗯。

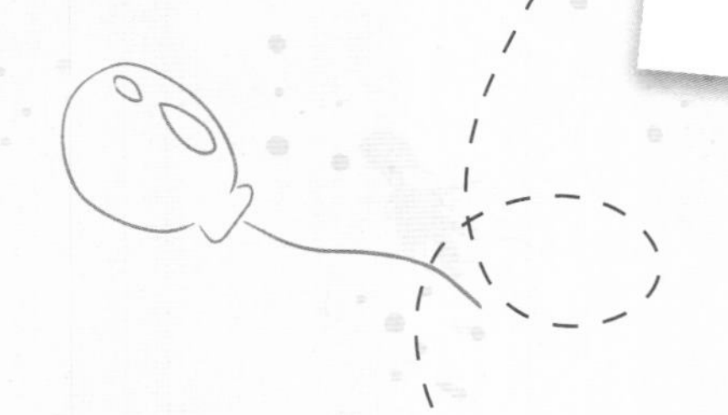

3
儿子：爸比，我要上学啦。
爸爸：嗯，去吧。
儿子：爸比，上学要穿校服的。
爸爸：……（装傻。回想昨天在火堆旁边暖校服，不小心烧坏了。一头汗。）
4

当小熊遇上刺猬

1

熊：我觉得我们陷入了大麻烦。
刺猬：什么麻烦？我不这么觉得。

熊：我们现在千万别回头。
刺猬：为什么？

2

3
熊：我后脚跟好像踩到了什么不寻常的东西。
刺猬：是的，非常不同寻常。
熊：是吧，你也这么觉得吧。
刺猬：呃，你踩到我的脚了。
4

浪漫一刻

狮子：鼠妹妹嫁给我吧。
老鼠：不要，你好丑，我只想要“欧巴”。

狮子伤心欲绝。
受伤的狮子先生出国整容，巴士的牌子写着“韩国”。

3

兔子：鼠妹妹，还记得我吗？
龙猫：当然，亲爱的“欧巴”。

兔子：Sorry！我认错人了，不好意思。
龙猫：没认错！“欧巴”，不要扔下我。

4

小苹果

1

狮子：好饿！谁说当劫匪有肉吃！呜呜呜！
狮子：唉！好想有人来。

刺猬：哥哥我迷路了。
狮子：此……此路是我开，此……此树是我栽……

3
刺猬：哥哥，好久没吃饭了吧。
狮子：谁说的？（肚子咕噜咕噜。）
刺猬：哥哥，苹果给你吃。
狮子（眼泪汪汪）：嗯。
4

许愿的翅膀

地鼠：哇～白天的星星，好美啊！
（星星：害羞地笑。）

地鼠：星星妹妹，我可以许愿吗？
星星：嗯，可以啊。

3
地鼠：那你能让我长出翅膀，像你一样在天上飞吗？
星星：你想多了。你换一个吧。
地鼠：那……那能帮我找个女朋友吗？
星星：呃，那我还是想一想怎么长出翅膀吧。
4